绿色食品标准解读系列

Lüse shipin biaozhun jiedu xilie

绿色食品
渔药实用技术手册

中国绿色食品发展中心　组编

周德庆　张志华　主编

中国农业出版社

图书在版编目（CIP）数据

绿色食品渔药实用技术手册／周德庆，张志华主编；
中国绿色食品发展中心组编 . —北京：中国农业出版社，
2015.12

（绿色食品标准解读系列）

ISBN 978-7-109-21301-2

Ⅰ.①绿… Ⅱ.①周… ②张… ③中… Ⅲ.①绿色食
品－渔业－药物－技术手册 Ⅳ.①S948-62

中国版本图书馆 CIP 数据核字（2015）第 302015 号

中国农业出版社出版

（北京市朝阳区麦子店街 18 号楼）

（邮政编码 100125）

责任编辑 刘 伟 杨晓改

中国农业出版社印刷厂印刷 新华书店北京发行所发行
2016 年 3 月第 1 版 2016 年 3 月北京第 1 次印刷

开本：700mm×1000mm 1/16 印张：10
字数：200 千字
定价：30.00 元

（凡本版图书出现印刷、装订错误，请向出版社发行部调换）

丛书编委会名单

主　　任：王运浩
副 主 任：刘　平　　韩沛新　　陈兆云
委　　员：张志华　　梁志超　　李显军　　余汉新
　　　　　何　庆　　马乃柱　　刘艳辉　　王华飞
　　　　　白永群　　穆建华　　陈　倩
总 策 划：刘　伟　　李文宾

本书编写人员名单

主　　编：周德庆　　张志华
副 主 编：朱兰兰　　潘洪强　　徐永江
编写人员（按姓名笔画排序）：
　　　　　朱兰兰　　张志华　　周德庆　　徐永江
　　　　　潘洪强

序

　　"绿色食品"是我国政府推出的代表安全优质农产品的公共品牌。20多年来，在中共中央、国务院的关心和支持下，在各级农业部门的共同推动下，绿色食品事业发展取得了显著成效，构建了一套"从农田到餐桌"全程质量控制的生产管理模式，建立了一套以"安全、优质、环保、可持续发展"为核心的先进标准体系，创立了一个蓬勃发展的新兴朝阳产业。绿色食品标准为促进农业生产方式转变，推进农业标准化生产，提高农产品质量安全水平，促进农业增效、农民增收发挥了积极作用。

　　当前，食品质量安全受到了社会的广泛关注。生产安全、优质的农产品，确保老百姓舌尖上的安全，是我国现代农业建设的重要内容，也是全面建成小康社会的必然要求。绿色食品以其先进的标准优势、安全可靠的质量优势和公众信赖的品牌优势，在安全、优质农产品及食品生产中发挥了重要的引领示范作用。随着我国食品消费结构加快转型升级和生态文明建设战略的整体推进，迫切需要绿色食品承担新任务、发挥新作用。

　　标准是绿色食品事业发展的基础，技术是绿色食品生产的重要保障。由中国绿色食品发展中心和中国农业出版社联合推出的这套《绿色食品标准解读系列》丛书，以产地环境质量、肥料使用准则、农药使用准则、兽药使用准则、渔药使用准则和食品添加剂使用准则以及其他绿色食品标准为基础，对绿色食品产地环境的选择和建设，农药、肥料和食品添加剂的合理选用，兽药和渔药的科学使用等核心技术进行详细解读，同时辅以相关基础知识和实际操作技术，必将对宣贯绿色食品标准、指导绿色食品生产、提高我国农产品的质量安全水平发挥积极的推动作用。

农业部农产品质量安全监管局局长 马爱国

2015 年 10 月

前 言

　　我国是世界上的水产养殖大国，养殖品种众多。养殖产量占全世界水产养殖总量的70%左右，是渔药生产和使用大国。渔药的种类较多，使用范围较广。药物防治技术是水产动物病害控制的三大技术支柱之一，也是我国水产动物病害防治中最直接、最有效和最经济的方式。但渔药使用的不规范、滥用和错用也带来了诸多问题。例如，某些渔用药物在水产品内的残留，严重威胁了水产品质量安全和人体健康，影响了我国水产品的对外出口贸易；滥用渔药也会对环境造成污染，妨碍水产养殖的可持续发展等。

　　绿色食品是指产自优良生态环境、按照绿色食品标准生产、实行全程质量控制并获得绿色食品标志使用权的安全、优质食用农产品及相关产品。绿色食品水产养殖用药必须坚持生态环保原则，渔药的选择和使用应保证水资源和相关生物不遭受损害，保护生物多样性，保障生产水域质量稳定。

　　科学规范地使用渔药是保证绿色食品水产品质量安全的重要手段。《绿色食品　渔药使用准则》（NY/T 755—2003）的发布实施，规范了绿色食品水产品的渔药使用，促进了绿色食品水产品质量安全水平的提高。但是，随着水产养殖、加工等的不断发展，渔药种类、使用限量和管理等出现了新变化、新规定，原版标准已不能满足绿色食品水产品生产和管理的要求。因此，2013年对原标准进行了修订。

本书由中国绿色食品发展中心组编，在遵循现有食品安全国家标准的基础上，以新修订的《绿色食品　渔药使用准则》（NY/T 755—2013）为蓝本，立足绿色食品安全、优质的要求，突出强调良好养殖环境，并提倡健康养殖。本着尽量不用或者少用渔药的原则，通过增强水产养殖动物自身的抗病力，从而减少疾病的发生。本书由标准编制修订者和渔业生产一线专家共同编写，共分为3章：第一章为渔药概述，主要介绍国内外渔药生产管理情况，包括标准、法规、渔药使用现状、渔药使用对水产养殖业的影响和渔药的基本知识等；第二章为《绿色食品　渔药使用准则》解读，书中将渔药分为预防药物和治疗药物分别进行解读；第三章为应用实例，以鱼、虾和蟹为案例分别介绍了渔药实用技术，以期对绿色食品水产品的生产和管理更具指导意义。

书中不足之处在所难免，恳请读者指正。

编　者

2015 年 8 月

目 录

第 1 章

渔 药 概 述

1.1 我国水产养殖业发展及质量安全现状

1.1.1 中国水产养殖业的发展

中国水产养殖业具有悠久的历史，改革开放后得到极大发展，每年以两位数的增长率增长。特别是 20 世纪 80 年代中期以后，中国政府积极倡导"以养为主"的渔业发展方针，全国各地以经济效益为中心、以市场为导向，大力推进产业结构调整，积极发展生态健康养殖模式、倡导安全养殖生产，引导水产养殖向产业化、规模化发展。在由追求产量向追求质量、效益转变的同时，通过优化养殖品种、推广新的养殖技术和养殖方式，水产养殖业获得了迅猛发展。根据联合国粮农组织（FAO）统计，2005 年世界养殖水产品的产量已占水产品总产量的 34.1%，达 4 815 万 t。与 1995 年相比，养殖水产品产量 10 年内增加了 1.97 倍，而同期捕捞产品的产量基本维持在 9 000 万 t。到 2013 年，全国水产养殖面积 832.17 万 hm^2，养殖产量 4 541.68 万 t，占水产品总产量（6 172.00 万 t）的 73.58%。中国渔业尤其是水产养殖业对世界其他国家，特别是发展中国家在渔业可持续发展、保障食物安全等方面树立了良好典范，对国民经济发展和渔民增收起到了较大作用。

更重要的是，养殖水产品由于规格和品质比较统一、生长期和生产规模可控性强、质量标准容易实施以及贮藏运输方便，深受欧盟、美国等发达国家和地区的青睐。目前，养殖的对虾、三文鱼、罗非鱼、鳗、鲴和贝类等已经成为国际水产品贸易的主要品种。据海关统计，2013 年我国水产品出口量为 812.94 万 t，同比增长 2.58%；出口额达到了 202.63 亿美元，同比增长 6.74%。然而，养殖水产品在国际贸易中越来越受到重视的同时，其质量安全问题成为制约水产品出口贸易的一个重要因素，直接影响到水产养殖业的可持续发展。

1.1.1.1 中国水产养殖业的发展回顾

（1）新中国成立初期（1949—1958 年）

我国近海丰富的渔业资源为解决食物短缺提供了可能。由于当时国家经济条件的限制，不可能有太多的资金投入到水产养殖设施建设上。相应地发展近海捕捞则投入少、见效快，因而发展海洋捕捞渔业成为当时渔业的重点。到 1958 年，人均捕捞产量达到 4.81kg，海洋捕捞总产量比 1952 年增长 11 倍。

（2）水产养殖业稳定增长期（1959—1982 年）

1959 年，国家提出开展淡水和海水养殖，确定了"以养为主，积极开展捕捞"的方针。这一时期，我国海洋捕捞能力不断增强，到 1971 年渔船数量比新中国成立初期增加了 14 倍多。捕捞强度的增大导致近海渔业资源的可持续利用出现警情。但当时受国内"文化大革命"的影响，渔业方针政策的效果在 1982 年之前并不明显。1982 年养殖产量仅比 1959 年增加 0.95 倍，同期海洋捕捞产量增加 2.1 倍，但此后水产养殖对渔业产生了巨大作用。

（3）水产养殖业快速发展期（20 世纪 80 年代初至今）

20 世纪 80 年代起，我国近海渔业资源已经严重衰退，渔业发展的重点转向水产养殖和远洋渔业。1986 年颁布的《中华人民共和国渔业法》，从法律上调整了延续数十年以远洋捕捞为主的渔业经济政策。2000 年，修改后的新《渔业法》进一步规范了养殖业健康发展、实行捕捞限额制度的内容，为渔业可持续发展奠定了基础。1979 年后，我国的水产养殖业进入了快速发展时期（图 1-1），同期海洋捕捞产量逐年增加，1997 年首

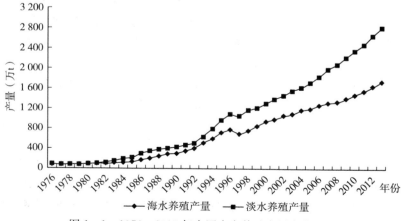

图 1-1　1976—2013 年中国水产养殖产量变化趋势

次下降，降幅 1.5%（图 1-2），捕捞产量与养殖产量的比值逐渐小于 1（图 1-3）。

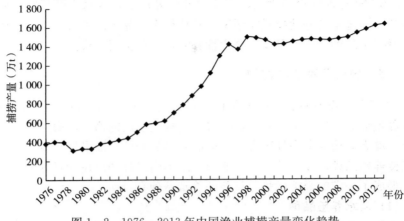

图 1-2　1976—2013 年中国渔业捕捞产量变化趋势

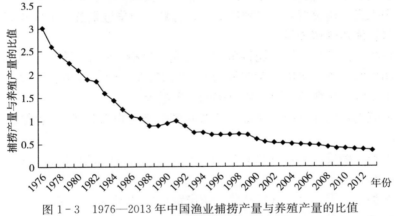

图 1-3　1976—2013 年中国渔业捕捞产量与养殖产量的比值

1.1.1.2　水产养殖模式多样化

随着技术的进步，以牺牲自然资源和消耗大量物质为主要特征的传统养殖方式得到改善，各种人工控制程度和现代化程度较高的养殖方式得到较大发展，渔业可持续发展越来越受到重视。工厂化养鱼、网箱养鱼、流水养鱼等各种高产养殖方式，水域立体利用、水陆复合生产的生态渔业以及能量充分利用等各种高效利用模式得到了广泛的应用。

目前，各地根据自然环境条件和养殖对象的不同创造了比较实用的水产养殖模式。例如：优质商品蟹大规模精养模式，优质青虾混养模式，80∶20池塘养鱼模式（即80%为价值较高的主产鱼，20%为辅助类鱼产品），热带虾与青虾轮养模式，克氏螯虾混养模式，大水面鱼、虾、蟹混养模式，河沟生态养殖模式，稻田养殖特种水产品生产模式，池塘或大水面套养"小品种"生产模式，草食性和滤食性鱼类混养模式。

1.1.1.3　养殖品种不断增加

20年来，我国的水产养殖品种从过去的几种增加至目前的40多种。淡水养殖形成以鱼为主，虾、蟹、鳖等多样化发展的格局；海水养殖从以贝类、藻类养殖为主向虾蟹类、鱼类和海珍品养殖全面发展转变。一些国外优良养殖品种，如大菱鲆、罗非鱼、南美白对虾和漠斑牙鲆等的成功引进，形成了一定的经济优势。目前的养殖品种有：

（1）淡水养殖品种

鱼类：草鱼、青鱼、鲢、鳙、鲤、鲫、鳗、鳜、银鱼、黄鳝、泥鳅、乌鳢、鳊、鲂、鲶、鲟、鲴、鳟、罗非鱼、黄颡鱼、短盖巨脂鲤等。

甲壳类：南美白对虾、罗氏沼虾、青虾、中华绒螯蟹及中华鳖等。

（2）海水养殖种类

鱼类：大黄鱼、鲈、鲷科鱼类（真鲷、黑鲷、斜带髭鲷、红鳍笛鲷、花尾胡椒鲷、紫红笛鲷、黄鳍鲷等）、美国红鱼、鲻、梭鱼、牙鲆、石斑鱼、大菱鲆、军曹鱼、鲥、卵形鲳鲹、黑鲪等。

甲壳类：对虾（中国对虾、斑节对虾、南美白对虾等）、青蟹、梭子蟹等。

贝类：贻贝、扇贝（栉孔扇贝、海湾扇贝、虾夷扇贝等）、蛏、蛤、蚶、牡蛎、鲍等。

藻类：海带、紫菜（坛紫菜、条斑紫菜）、裙带菜、江蓠等。

其他：海参、海胆等。

1.1.1.4　养殖区域扩大明显，遍及全国

我国水产养殖主要集中在东部地区，东部占80%，中部占18%，西部只占2%。东南沿海主要养殖鳗、对虾、罗非鱼、大黄鱼等优势品种，养殖方式多为网箱养殖；黄渤海地区则以对虾、贝类、鱼类为主要养殖对象，多采用工厂化养殖方式；西南地区主要发展稻田养鱼、山区流水养鱼；西北地区由于盐湖资源和低洼盐碱地丰富，重点发展耐盐碱渔业。

海水养殖相对集中，如福建省的海水养殖产量占全国海水养殖总产量

的 33%。淡水养殖相对分散，主要集中在湖北（15%）、江苏（13%）、广东（13%）、安徽（10%）和湖南（9%）；长江和淮河流域是传统的淡水养殖区域，重点倾向于鲢、鳙、草鱼、团头鲂等饲料投喂少、产量稳定、技术成熟的滤食性或草食性鱼类养殖；黄河流域也是传统淡水养殖区域、重点发展鲤等杂食性鱼类养殖；长江中下游养殖地区多为河蟹、鳗、斑点叉尾鮰、珍珠蚌、淡水小龙虾等国际上竞争优势强的淡水养殖品种。

1.1.1.5 健康、可持续养殖渔业提到日程

从我国渔业行业来看，资源环境恶化与渔业可持续发展矛盾十分突出。随着渔业经济的快速发展，渔业资源衰退和环境恶化趋势仍在继续。在一定程度上讲，在很长一段时间内，我国渔业的发展是一种数量型、粗放型的产业经济。这种产业经济的特点是生产规模小，组织化程度不高，生产方式比较落后，多数为分散经营，难抵御自然灾害的侵袭，又难经受市场风险的压力。所以，需要发展循环经济模式来保证渔业资源和环境对渔业经济发展的持续支撑。

当前，主要举措是宣传生态养殖理念，引导养殖结构调整，把渔业纳入生态系统管理。随着生活水平的提高，人们崇尚自然、亲近绿色的愿望越来越强烈。因此，相对高价值的水产品消费量将日益增加。国外养殖有机水产品较多的国家，如德国、瑞士、英国、秘鲁、泰国、越南、印度尼西亚等国的做法值得借鉴。有机水产品比同类水产品的价格高 15%～35%。因此，我国渔业应调整养殖结构，大力发展绿色和有机水产品，把渔业纳入生态系统管理，以促进渔业可持续发展。

1.1.2 中国养殖水产品质量安全状况与问题

进入 21 世纪，中共中央和国务院高度重视食品安全。农业部从 2001 年开始开展"无公害行动计划"、"农业标准化专项"和"水产品氯霉素专项整治"等工作，水产品质量安全监控深入开展并逐步规范。"从源头抓起"，措施得力，加之通过各地、各部门的共同努力，认真踏实的工作，管理力度的加强以及渔民的培训、法规的宣传，"十二五"期间我国水产品质量安全水平有了较大幅度的提升。水产品大宗品种（主要是鲜冻鱼、虾、蟹、贝）的抽检合格率不断提高，特别是养殖水产品滥用药物的现象得到了有效的控制。我国水产品的质量水平，无论是纵向或横向比较，综合评价都是安全和放心的。水产品国内市场成交量上升，出口连年增长。

2014 年，农业部组织开展了 4 次农产品质量安全例行监测，共监测

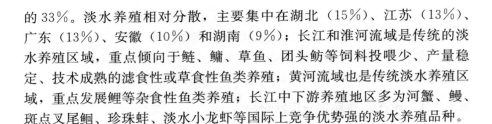

全国 31 个省（自治区、直辖市）151 个大中城市 5 大类产品 117 个品种 94 项指标，共抽检样品 43 924 个，总体合格率为 96.9％。其中，蔬菜、畜禽产品和水产品监测合格率分别为 96.3％、99.2％和 93.6％，水果、茶叶合格率分别为 96.8％和 94.8％，农产品质量安全水平保持稳定。

1.1.2.1　水产品质量安全现状分析

（1）国内市场水产品

近几年，水产品抽检不合格、存在安全问题的原因是复杂的，归纳起来大致有：

①个别养殖业户和企业不遵守法规和标准，造成产品药物残留超标。

②在水产品生产、加工、运输或销售的某个环节上某一点失控而出现问题。例如，在运输时违规使用某些消毒、杀菌剂，以保证成活率等。

③媒体"炒作"。某些新闻媒体对食品安全的报道和评论缺乏客观、科学和公正，从而曝出水产品安全问题。如 2007 年，首先在北京曝出的"淡水鱼头有农药不能吃"的新闻报道，就是个别媒体引用了个别专家的片面看法，缺乏科学分析论证和大量检验数据的验证支持，也未经谨慎核实确认，从而造成不良后果。

④个别标准不完善或扩大标准适用范围，从而导致检验不合格的现象时有发生。例如，原本针对水发水产品（如水发海参、水发鱿鱼）违规使用甲醛而制定的标准，其中规定甲醛为不得检出，且检出限量为 10mg/kg，而有不少的执法检验机构将其扩大到所有水产品都检甲醛，造成产品检验"不合格"。实际上，甲醛是某些生物代谢过程的产物。如鳕、龙头鱼，即使不使用甲醛处理也能检出微量"本底"甲醛。一些试验研究表明，某些干制水产品储存过程中也有微量甲醛升高的现象，未经风险评估而将产品判为"不合格"。又如，原来某些标准对海藻食品中无机砷限量的规定及其检测方法存在缺陷，从而导致海藻产品检查"不合格"，也影响了出口贸易。

（2）出口水产品

通过对近 3 年的统计数据进行分析，发现在我国出口贸易被通报的不合格产品中，水产品占农产品的比重较大，2010 年为 25.6％，2011 年为 26.6％，2012 年前 3 个季度为 19.1％。这严重影响了我国水产品的国际声誉，放缓了出口经济的增长速度。我国出口水产品的质量与安全问题成为限制出口的主要因素，其中，2010—2012 年兽药残留在不合格产品通报中占据了较大比重。特别是在鳗、虾仁、河蟹等主要出口品种中屡次出现药物残留问题，出口贸易蒙受巨大损失。

中国出口水产品的质量安全水平不断提高，2006年水产品出口贸易中存在的主要问题依然是药物残留超标，这是影响水产品出口最突出、最根本的问题。2006年3月和7月，美国食品与药品管理局（FDA）和加拿大先后两次通报我国出口的水产品中检出氯霉素、孔雀石绿、硝基呋喃类等禁用药物。为此，2006年9月美国FDA派员首次对我国水产品药物残留监控体系进行了检查。2006年6月，出口日本的鳗中被检出含有农药硫丹，经追查，硫丹来自于兽药厂生产的渔药中。在出口的同时，国内也相继发生了大菱鲆药物残留事件、福寿螺事件，这些事件对我国水产品出口产生了一定的负面影响。

1.1.2.2 养殖水产品质量安全的主要问题

我国是世界上的水产养殖大国，其养殖水产品产量占世界总量的2/3。特别是近10年，我国的水产养殖业得到了长足的发展，朝着精品化、设施化、产业化和国际化方向发展。由于环境的恶化、养殖密度过高，加上质量管理体制衔接脱节、缺乏强有力的技术支撑，不可避免地造成了渔药的大量使用和滥用，使养殖水产品在数量增长的同时，其质量安全问题逐渐突显出来。

（1）病害发生频繁且危害程度高

由于养殖环境的恶化及养殖密度过高，养殖水产品病害频发，给中国的水产养殖业造成了严重的损失。1993年，大规模的对虾疾病泛滥，严重打击了中国的对虾生产和出口；中华绒螯蟹颤抖病、鳜出血症、对虾白斑综合征、牛蛙红腿病、中华鳖病毒病以及河豚、黄鳝、鲇、鳗鲡的烂尾病等，都曾给养殖业造成重大的经济损失。以北京市2003年的水产养殖为例，病害发生的原因主要有细菌性疾病（约占27%）、水质原因（约占23%）、营养不良（约占20%）、寄生虫性疾病（约占16%）、真菌性疾病（约占8%）等，造成的损失为5 000万元左右。2011年对全国水产养殖动物病害监测的结果显示，全年由于渔业灾情造成的水产品总量损失为170.05万t，经济损失为205.24亿元，其中受灾面积达133.58万hm^2。

（2）化学危害是养殖水产品存在质量安全问题的重要因素

化学危害是养殖水产品存在质量安全问题的重要因素，主要包括工农业生产造成的环境污染、饲料污染和兽药残留。

①工农业污染物带来的质量安全风险。据了解，目前我国日排污水量为1.3亿t左右。其中，80%以上的污水未经任何处理便直接排放到江河

湖海中，直接污染了水域环境，有的水域出现富营养化问题。据调查，在我国 1 200 条河流中，850 条江河受到不同程度的污染，130 多个湖泊和近海区域都不同程度地存在富营养化问题。水域环境的恶化严重破坏了渔业资源，降低了水生生物的繁殖能力和存活能力。据报道，1982—1983 年渤海鱼类有 85 种，到 1992 年下降到 74 种。而存活下来的水生生物也不同程度地受到化学品、藻类毒素的污染，存在严重的质量安全隐患。

②饲料污染带来的质量安全风险。对于水产养殖业来讲，饲料自身污染是养殖水域环境恶化的主要因素。根据对水生动物生物能量学的研究发现，草食性动物和肉食性动物用于生长和繁殖的能量仅占 20%～29%，而从粪、尿中排泄的能量占 27%～43%。试验表明，投喂的虾蟹饲料会损失 20% 以上的粗蛋白、约 50% 的碳水化合物和 85%～95% 的维生素。有时，饲料中会有多达 80% 的氮和 86% 的磷流入水域环境，导致底泥过量沉积、藻类水华和生化需氧量（BOD）提高，从而污染了水环境。更重要的是，饲料本身容易积累多种危害因素，特别是有毒的化学物质（如持久性有机污染物、重金属等），进而积聚在鱼体内。有研究表明，养殖的鳜体内的多氯联苯、聚合溴化联苯乙醚和有机氯农药的含量明显比野生鳜高。而饲料经常还会有霉菌毒素的危害，比如黄曲霉毒素、呕吐毒素、烟曲霉素和玉米赤霉烯酮等污染物都会污染到水产品，从而间接危害到人类的健康。

③渔药残留带来的质量安全风险。水产养殖使用的药物主要涉及抗微生物药、杀虫驱虫药、环境改良与消毒剂、代谢和生长调节剂、微生物制剂、免疫促进剂、杀藻剂等。随着环境的不断恶化和病害的不断发生，养殖户将大量使用渔药作为养殖生产常规的措施，以治疗和预防疾病、控制寄生虫和促进繁殖。渔药使用量之大，可以从渔药生产量中略见一斑。2005 年前，我国渔药生产标准（地方标准和企业标准）有近 600 个。其中，地方性重复标准约占 60%；渔药产品近 600 种，年产量 15 万多 t，年产值约 20 多亿元。各类药物占总用药量的比例大致为：环境改良与水质消毒剂约占 45%；抗微生物药约占 20%；杀虫驱虫药约占 25%；调节代谢和生长的药物约占 1%；微生物制剂约占 5%；免疫促进剂和杀藻剂约占 0.06%。

一些养殖户在使用渔药的过程中，由于缺乏用药的常识，存在"治病先杀虫"、"猛药能治病"、"泼药没有错"等有悖于常理的用药观念，常常会违规用药而造成渔药残留的问题。主要有以下几种情况：一是使用禁用药物，如孔雀石绿，明知是国家明令禁止使用的药物，但由于价格低廉、

杀毒效果显著以及市场上容易买到，在水产品的生产和运输过程中仍被一些养殖户和鱼贩使用；二是未按使用说明规范使用药物，造成滥用、误用；三是未按休药期用药；四是误把不能作为药用的普通化学药品当作兽药使用，从而导致水产品中药物残留超标。

（3）生物危害

生物危害包括细菌、病毒和寄生虫等。最近几年，随着人们饮食习惯的改变，很多生鲜海产品被端上消费者的餐桌，致使食源性寄生虫感染率不断上升。2014 年，国际上共有 6 个国家或地区发生了 7 起微生物事件，其中，5 起由致病菌引起、2 起由真菌毒素引起。目前，最常见的有肝吸虫、颚口线虫、肺吸虫、广州管圆线虫、绦囊虫等。2006 年，北京发生的"福寿螺事件"就是因为福寿螺中寄生了广州管圆线虫引起的，给人们的身心健康造成了极大的危害。

当前，水产品质量安全形势不容乐观，各地工作也不平衡，质量安全事件时有发生。主要表现为：一是养殖场不顾环境容量、盲目追求高产造成病害频发，对外源环境污染难以控制；二是科技创新能力不足，新型替代渔药和疫苗研发严重滞后，良种覆盖率低，饲料技术落后；三是渔业部门的管理手段有限，部门之间协调不到位。水产品质量安全管理工作任重道远，不能有丝毫的懈怠，应坚定不移、持之以恒地抓紧、抓实、抓到位。

1.2 渔药的发展与管理

1.2.1 渔药的发展历史

早期的水产养殖业规模较小，集约化水平低，养殖条件人工化程度不高。虽然有疾病发生，但一般不太严重，不会造成大规模暴发和流行。因此，也就不需要或者很少用到渔药。但是，随着我国水产养殖业的不断发展，渔药的研究和应用也逐渐发展起来。

1.2.1.1 渔药的研究历程

20 世纪 50 年代，中国科学院水生生物研究所对硫酸铜、硫酸亚铁、敌百虫、高锰酸钾、硝酸亚汞、漂白粉等药物的应用范围、有效浓度、安全浓度以及给药方法进行了探讨，这是我国最早渔药研究的记录。其后，磺胺噻唑等消炎药、食盐、小苏打以及土霉素、金霉素、链霉素等均被应用在鱼病防治上。

20 世纪 60 年代后，科技人员在总结群众中草药防治鱼病经验的同时，研究了大黄、乌桕、地锦草、板蓝根等中草药的药效和药理，开辟了我国渔药研究的新思路。

　　20 世纪 80 年代以前，我国渔药研究偏重于药物筛选、有效浓度、安全浓度、应用范围和给药方法等应用方面，尚未形成商品。

　　20 世纪 80 年代末，随着对细菌性鱼病研究的深入，出现了以鱼服康 A 型和鱼服康 B 型为代表的商品性渔药。

　　经过几十年的发展，渔药的生产已初具规模，生产的渔药及制剂达上百种，形成了我国的渔药产业。

1.2.1.2　渔药产业发展过程

　　渔药产业是随着水产养殖生产的发展而发展的，水产养殖生产的发展方向也是渔药开发研究的方向。渔药的基本任务就是保证水产养殖业健康、良好的发展，取得良好的经济效益和社会效益。

　　我国渔药的发展大致经历了 3 个阶段：

　　(1) 20 世纪 50 年代

　　这一阶段重点是对主要病害进行有效药物筛选，初步形成治疗方案。渔药研究主要集中在病原筛选药物、药物有效浓度和安全浓度、药物应用范围及给药方法等方面，筛选出了一批针对性较强、药效显著的药物。例如，硫酸铜、硫酸铜和硫酸亚铁合剂、敌百虫、高锰酸钾和硝酸亚汞等治疗寄生虫病；磺胺药治疗细菌性肠炎病；食盐和小苏打治疗水霉病；漂白粉防治烂鳃病；石灰、茶饼和巴豆清塘等。

　　(2) 20 世纪 60～80 年代

　　这一阶段抗菌素和中草药研究呈现活跃态势。土霉素、金霉素、红霉素、链霉素等抗生素相继应用于细菌病防治；中草药防治鱼病主要是群众性经验，但这些工作仍停留在药效研究阶段。渔药的剂型、工艺都沿袭畜禽等兽药产品，未开发出适合水产动物特点的专用渔药。

　　(3) 20 世纪 90 年代开始至今

　　这一阶段开始比较系统地进行渔药基础理论（包括代谢动力学、药效学、毒理学等）研究，从机理上解决生产实践问题，取得了一系列成果。主要有：一是建立了 20 余种渔药在水产动物体内的残留检测方法；二是建立了药物体外诱导细胞酶的模型，从细胞水平分析组织器官药物残留状况，为渔药的临床合理使用提供了理论依据，为新药筛选设计、水产品药物残留检测及环境毒物的监测创建新的理论与技术平台；三是建立了针对

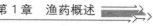

水产动物药物安全性评价的技术方法。

1. 2. 1. 3　渔药发展的趋势

（1）渔药研制将由简单移植向水产专用的方向发展

由于渔药是针对水产养殖动物使用，给药途径复杂。另外，不同水产养殖环境、不同季节、不同养殖种类、不同规格动物等的用药量都不一样。因此，今后渔药的研究开发不能简单地照搬兽药，而应与水产病害防治的特点结合起来，注意实用性和高效性。

（2）渔药产品结构将由"重治疗"向"重预防"方向转变

防重于治，已经成为行业共识，但一直没有落到实处。当前，水产养殖病害日趋严重，单纯依靠治疗药物已无法解决病害问题。特别是在大规模、集约化饲养条件下，对渔病的防治更应体现"防重于治"。因此，今后水质改良剂、生物制剂和增强鱼体免疫力的各种预防性药物将比治疗药物拥有更大的市场。

（3）渔用疫苗的应用将成为病害防治的趋势和渔药研制的重要方向

疫苗不仅可以有效地预防细菌性疾病，还是目前解决病毒性疾病的唯一特效手段。其具有效果良好、有效期长、使用方便、经济等特点，还能减轻药物对水环境的影响。目前，多数疫苗处于基础研究阶段，由早期的组织浆灭活疫苗发展到现在的细胞灭活疫苗、细胞弱毒疫苗、分子疫苗和基因工程疫苗等。

（4）中草药的深入研究将为渔药研制开辟新道路

中草药在我国水产养殖中应用历史悠久，长期以来已掌握了中草药的药性和使用方法。深入开发中草药应用是高效低毒渔药研发的重要方向，如研究其有效成分及分子结构、适于水产用药的组方配伍、浓缩和提取技术的研究以及通过化学合成方法建立其有效成分的工业化生产技术等。

（5）微生态制剂的开发将成为渔药研制的热点

微生态制剂在水产养殖中的使用方法有浸浴生物体、作为饲料添加剂、直接加入水环境、通过饵料动物携带作用于养殖动物体。目前，微生态制剂在实践中应用广泛，效果较好；然而，仍存在一定缺陷，主要是因为添加的这些菌株不是水体环境中的土著菌，不一定能在水体环境和养殖动物肠道中存活，更不能成功繁殖成为优势菌群。因此，定向培养优势菌群，并根据水体的理化因子选用菌种是解决问题的关键所在。当前，急需研究的方向主要是具有藻类调控作用的微生物、硝化菌产品和水体 pH 稳定调节的微生物产品以及病原天敌微生物的研究和开发。

1.2.2　渔药的管理现状

1.2.2.1　国际上渔药管理的相关要求

从根本上讲，发展渔业不能牺牲人类的利益，渔药的审批也要遵循这一宗旨。国际社会的共识是，水产品中渔药的残留不能危及人类健康。例如，抗生素及重金属的残留，在水产品中不允许高于规定的标准。随着全民素质的提高及国际贸易信息的反馈，渔药的使用也日趋规范。

（1）国际组织对渔药管理的要求

国际食品法典委员会（CAC）是由联合国粮农组织（FAO）与世界卫生组织（WHO）于 1964 年共同组建的，主要负责制定各类食品标准、技术规程和提供咨询意见等方面的食品安全风险管理工作。CAC 负责确定药物的最大残留限量（Maximum Residue Limits，MRLs），并经该组织的食品兽药残留委员会（CCRVDF）做进一步的评价后公布。随后，出于对食品安全及环境保护的考虑，MRLs 评估成为世界各国重视的药物安全管理参数。

渔药的限制使用，主要体现在规定渔药的 MRLs 和禁用渔药上。这两方面的重要管理措施，在渔药发展史上具有里程碑的意义。

（2）美国对渔药管理的要求

1994 年，美国 FDA 制定了"化合物在食品动物中使用安全评价的基本原则"。1996 年，美国又颁布了《动物药品可用法》和《动物医疗药物说明》2 项法规，对兽药使用安全有法律上的规定。

美国 FDA 允许渔用药品注册使用之前，规定须审定以下几个方面：

①药物对人类安全性的各项指标。

②药物作用于病原体的有效性。

③药物作用于所有非致病微生物的各种毒性。

④药物对环境造成的影响。

⑤运用残留动力学建立的有关渔药的残留及药物在体内的半衰期（指食用性鱼类使用的药物）。

美国 FDA 的兽药中心（CVM）负责动物药品的制造、经营和使用，负责批准用于食品动物的药物种类，并确定药物残留允许量及休药期。美国目前实际批准使用的化学类渔药种类少于欧盟。据 1998 年的统计，美国批准使用土霉素、MS-222 等 5 种化学类渔药。

（3）欧盟对渔药管理的要求

欧盟规定，几乎所有的兽药包括应用于水产已经数十年的知名化学药物，都要进行 MRL 评价。此项工作已于 1999 年 12 月结束，欧盟批准使用的有 19 种。

MRL 评价的结果是将兽药分为 4 个附录，分别为：

①有确定 MRL 的兽药。

②无需提交 MRL 的兽药（宠物用药）。

③暂定 MRL 的兽药。

④未确定 MRL 的兽药（已被禁止使用）。

（4）日本对渔药管理的要求

①日本水产品质量安全及安全卫生管理机构。日本政府涉及水产品质量及安全卫生的管理机构有内阁府食品安全委员会及其下属的农林水产省和厚生劳动省等部门。2003 年，日本新修订的《食品安全基本法》规定，在日本内阁府设立一个对所有食品进行安全评估的"食品安全委员会"，以期公正地对食品安全做出科学评估。从机构来讲，日本政府对水产品质量及安全卫生管理是一个多头管理的格局，但在管理职能方面又各有侧重。职能分工情况如下。

食品安全委员会：日本内阁府食品安全委员会于 2003 年 7 月 1 日成立。该委员会主要职能：对食品安全风险进行咨询，通过科学分析方法，对食品安全实施检查和风险评估；根据风险评估结果，要求风险管理部门采取应对措施，并监督其实施；以委员会为核心，建立由相关政府机构、消费者、生产者等广泛参与的风险信息沟通机制，对风险信息实行综合管理。委员会由 7 名委员组成最高决策机构，委员经国会批准，由首相任命，任期 3 年；其下属负责专项案件的检查评估专门调查会由 200 名专家构成，分为 3 个评估专家组：化学物质评估组、生物评估组和新食品评估组，分别指导农林水产省和厚生劳动省有关部门开展工作。

厚生劳动省：厚生劳动省设有医药食品局，医药食品局内设食品安全部，该部是政府在食品安全行政部门的风险管理机构。其工作内容是根据食品安全委员会的风险评估，制定食品、食品添加剂、残留农药等的规格和标准；并通过全国的地方自治体或检疫所，对食品加工厂的卫生、食品（包括进口食品）的质量安全进行监督检查；收集国民的意见和建议，为进一步完善政策和措施提出合理化建议。

农林水产省：日本农林水产省负责水产品质量及卫生安全的机构是水产厅和消费安全局。水产厅负责水产品经营、加工与流通；资源保护、管理；渔业生产监督、指导等工作，是侧重行业生产管理的机构。消费安全局主要负责产品标识、价格对策、水产品质量安全、水产养殖用药的使用、水产品生产过程风险管理、风险通报等，是侧重于消费者利益保护的机构。农林水产省内还设立了食品安全危机管理小组，该小组主要由消费安全局负责食品安全的官员组成，其主要职能是制定并指导实施重大食品安全事件对策。

②日本水产养殖用药生产、销售、使用的有关规定。日本水产养殖用药的生产、销售、使用的法律依据是日本《药事法》。有关规定如下。

新药的注册和生产：一是新药注册所需提供的资料包括开发研制的动机，理化实验资料，稳定性实验资料，毒性实验资料，安全性实验资料，药理作用实验资料，吸收、分布、代谢实验资料，性能试验资料，临床实验资料和药残实验资料。二是批准新药注册的标准，有以下情况之一者，不得批准注册：达不到该药品应有的药效，副作用大于药效的药品，不符合卫生保健要求的药品。三是渔药的生产，日本《药事法》第13条规定，"农林畜牧水产用药的生产由农林水产省评审，由农林水产大臣颁发生产许可证"。

渔药的销售：在日本可以销售药品的有药店和药品销售业者。药品销售业者分一般销售、药品商销售、指定销售和特例销售4类。"药店"营业执照由都道府县知事颁发，药店可以销售所有药品，可以进行配药，配备药剂师的人数依据每天业务量来决定，每天40件处方的业务量就需配备一名药剂师。"一般销售"的营业执照由都道府县知事颁发，可以销售所有药品，但是不得进行配药，至少需要一名药剂师；"药品商销售"的营业执照由都道府县知事颁发，不得销售农林水产大臣指定的动物药品，原则上不需要药剂师，但是工作人员需要有一定的药品知识；"指定销售"的营业执照由都道府县知事颁发，根据农林水产大臣制定的标准销售各都道府县知事指定的动物药品，并且按照指定的销售方法销售，工作人员需要懂业务；"特例销售"的营业执照由都道府县知事颁发，主要是在比较偏远的地区，只能销售都道府县指定的药品。

渔药的使用：日本《药事法》第八十三条第4款规定，"对于由于药品使用不当，可能会对人体健康造成危害的食用养殖水产品，农林水产大臣通过农林水产省令制定水产养殖用药的使用标准"。据此，农林水产省制定了《水产养殖用药指南》，规定不同水产品、不同病症的适用药物、用法、用量、休药期等使用标准，制定了对违反"使用标准"者的处罚原则，并规定使用抗生素、合成抗菌剂、驱（杀）虫剂时要做使用记录。指

导广大水产养殖用户科学用药。农林水产省根据食品质量安全有关规定，结合水产养殖用药实际情况、国外用药标准的调整以及国内新药的上市等，不定期地对《水产养殖用药指南》进行修改。

1.2.2.2　我国对渔药管理要求

（1）中国渔药的管理机构

《兽药管理条例》于 2004 年 11 月 1 日正式实施。条例第七十四条中明确将水产养殖中的兽药使用、兽药残留检测和监督管理以及水产养殖过程中违法用药的行政处罚，由县级以上人民政府渔业主管部门及其所属的渔政监督管理机构负责。这是农业部在渔业发展的新形势下赋予渔业部门的一项新职能。《兽药注册办法》于 2004 年 11 月 15 日正式实施，第三条规定农业部负责全国兽药注册工作，农业部兽药审评委员会负责新兽药和进口兽药注册资料的评审工作，中国兽医药品监察所和农业部指定的其他兽药检验机构承担兽药注册的复核检验工作。

（2）我国渔药的管理规定

在我国，渔药作为兽药重要组成部分之一，相关管理包含于兽药中。农业（渔业）主管部门制定并颁布了一系列政策法规和技术标准：《食品动物禁用的兽药及其他化合物清单》（农业部 193 号公告）禁止氯霉素、孔雀石绿等 29 种药物使用，限制 8 种渔药作为动物促生长剂使用；《无公害食品　渔用药物使用准则》（NY 5071—2002）规定呋喃类、喹乙醇等 32 种为禁用渔药；一大批药物残留检测方法的标准（包括国家标准、行业标准和地方标准）被制定或修订，检测诺氟沙星等数十种药物；另外，为了推动渔药研究与开发，准确地评价渔药的作用，农业部于 2002 年 7 月发布《渔药临床试验技术规范》，为渔药试验的有关问题做出了若干原则规定，涉及动物试验的数量、内容、方法、结果评价等，有助于我国渔药事业的健康发展。

《兽药管理条约》（2004）、《兽药注册办法》（2004）规范了生产企业用药制度和兽药（渔药）的注册办法；《水产品养殖质量安全管理规定》（2003）和《农产品质量安全法》（2006）建立了渔药残留检测和监控体系，强调"从农田到餐桌"的药残全过程控制管理。

（3）我国渔药管理存在的主要问题

目前，对水产养殖用药的管理还处于起步阶段，水产养殖中的兽药使用、兽药残留检测和监督管理以及水产养殖过程中还存在诸多问题，突出表现为：

①渔药监管职责有待明确。尽管《兽药管理条例》将水产养殖中的兽药使用、兽药残留检测和监督管理以及水产养殖过程中违法用药的行政处罚职能划归渔业部门，但是在对水产养殖用药的经营管理上，兽医行政主管部门仍是执法主体。实际管理中多头管理，农业、畜牧兽医、水产、卫生、工商、环保等多个部门均可直接或间接对水产养殖用药生产、销售和使用环节进行监管，但没有一个部门能够进行全程监管，有的甚至出现只发照不管理的现象。在水产养殖用药的使用管理上，由于面对千家万户的分散经营，行政、技术服务部门的力量跟不上；执法部门也没有精力来协同管理；缺乏有效的管理手段，管理难度大，效果不明显。在对水产品质量抽检中发现的药物残留问题，也无法追溯源头，对生产者和使用者无法进行处罚。

②相关法规和标准有待与国际接轨。我国现行兽药管理法规不能满足国际公认的关于建立兽药残留控制计划的最低标准，个别兽药不能与国际规定接轨，对兽药生产者和生产原料没有进行有效的监管，对兽药无停药规定，缺乏兽药处方制度，没有建立起允许使用药物的统一登记制度，养殖生产和市场准入制度都没有建立起来，给水产养殖用药管理带来很大的困难。

1.2.3 水产养殖质量安全管理与渔业可持续发展

作为一个发展中国家，中国政府一方面积极发展水产养殖业；另一方面，按照国际标准和国际惯例，努力加强和改进对水产品的质量管理工作，向消费者提供符合卫生安全标准的、高质量的产品，也确保出口水产品安全卫生质量达到进口国的要求。

"十二五"期间，我国渔业发展要"以安为先"，坚定不移地保安全、调结构、转方式、促发展、增收入，更加注重产业发展的安全保障，更加注重水产品质量安全和生态安全，更加注重资源节约、环境友好，更加注重渔民民生，更加注重科技创新和推广应用，更加注重渔业功能和空间拓展，更加注重国际竞争力提升，加快推进现代渔业建设。在提高传统产业发展水平的同时，努力拓展增殖渔业和休闲渔业等新兴产业，着力构建水产养殖业、增殖渔业、捕捞业、加工业和休闲渔业"五大产业体系"，着力构建设施装备、科技创新、资源环保、渔业安全和渔政管理"五大支撑体系"。根据各地资源禀赋、产业基础和经济水平，按照"主体功能突出、布局结构优化、统筹协调发展"的总体要求，稳步推进现代渔业生产主导区、生态建设区和功能拓展区建设，加快渔业发展方式转变和渔业功能的

拓展。按照"巩固基础、提升能力、保障发展"的思路，围绕现代渔业建设的重点任务和区域布局，大力组织实施渔政渔港等现代渔业重点工程建设，不断夯实现代渔业发展基础。

1.2.3.1　养殖业质量安全管理举措

通过对养殖场选址、环境条件、生产操作规程、产品质量标准、药物残留监控等环节的监督，确保养殖产品的质量安全。养殖场需领取养殖证，苗种场需取得生产许可证，制定了各品种养殖操作规程，对渔民养殖户进行培训，指导操作生产。对养殖区的水质、微生物、赤潮和贝毒进行监测，每年发布《中国渔业生态环境状况公报》。建立了疫病防治预警制度和药物使用监督制度，定期对养殖产品药物残留进行监控和质量抽查。

（1）养殖管理与国际要求的接轨

2006 年 9 月，在印度首都新德里召开了有关水产养殖的第三届国际会议，提出水产养殖面临着导致对环境、社会和其他产生不利影响的批评。但过去和现在的许多经验显示，改进了管理可以避免或降低这类消极影响，并可以改进该领域的可持续性。水产养殖正在发展，规模正在扩大，预期在未来若干年后可以满足对水产品日益增长的需求。因而，所有与水产养殖有关的利益相关者正优先地考虑该领域的管理，采用多种方式（如行为守则、良好水产养殖操作、生产和产品证书、标签等）改进管理并取得了不同程度的成绩。上述文件论述了目前采用的改进水产养殖管理方式和证书的情况，特别是对虾养殖采用了对虾养殖和环境联盟通过多年实践获得的知识和经验。同时，还论述了将改进管理方式（BMP）扩大应用到其他类水产品的可能性，并介绍了由该联盟起草的《负责任对虾养殖国际原则》。

（2）多年来农业主管部门对水产品质量安全高度重视、措施得力

①2006 年 6 月 26 日至 27 日，全国水产品质量安全管理工作会议在江苏省吴江市召开。会议指出：经过改革开放 20 多年的发展，我国渔业已经成功实现了"以捕为主"向"以养为主"的第一次转变。现在又站在了第二次转变的起点，这次转变起点更高、难度更大，水产品质量安全将成为新的发展阶段的工作重点。今后坚持"以养为主"的方针，就一定要过水产品质量安全这一关，积极推进水产养殖业从主要追求数量向数量与质量、效益与生态并重的增长方式转变。从确保人民群众身体健康、维护渔业生产者合法权益、提高渔业对外开放水平的根本目的出发，不断增强责任意识，切实采取措施，认真解决水产品的质量安全问题。

②制订了《水产养殖业增长方式转变行动实施方案》。为了贯彻落实《农业部关于实施"九大行动"的意见》（农发〔2006〕2号）精神，确保水产养殖业增长方式转变行动各项措施取得实效，2006年，农业部制订了《水产养殖业增长方式转变行动实施方案》。方案指出，要引领我国水产养殖业发展转变观念、创新模式、挖掘潜力、提高质量，推进水产养殖业从追求数量向数量与质量、效益和生态并重的增长方式转变。方案提出，要创建100个农业部水产生态养殖示范区（场）、20个农业部养殖水域滩涂规划示范县、10个农业部水产养殖病害预防示范区和5个工厂化循环水养殖试点场。

③将危害分析和关键控制点（HACCP）理念引入水产品质量安全的管理。目前，国际上HACCP体系已在水产养殖领域广泛应用。从20世纪90年代开始，美国、加拿大、挪威、泰国等国家已经逐步建立和形成了各自的HACCP操作模式。在水产养殖方面应用HACCP体系，就是要在亲体—卵—幼体培育—养成—销售整个过程中，对包括养殖场周围环境、养殖水域、水源、苗种、饲料、水产药物等方面进行全方位监控，针对每个重点养殖品种的各个养殖环节进行危害分析，找出关键控制点（CCPs）并加以控制，确保养殖产品不会对人类的健康造成危害。我国已经初步形成了一个以HACCP原则为核心，吸收了ISO 9000体系中对管理者的要求、对体系运行效果的监测（内部审核和管理评审）以及文件记录的控制等管理要素而形成的水产养殖体系。水产养殖HACCP体系建立的步骤和主要内容包括：明确管理机构（岗位）及职责；重新审视基础设施、设备等硬件条件的建设及管理；对生产、经营的主要过程建立或完善管理制度；编制HACCP计划；对管理文件和记录进行控制等。

④其他举措。为确保水产品质量安全卫生，农业部公布了禁用药物目录，通告了美国FDA关于在动物源性食品中禁用的11种药物目录；废止有关兽药质量标准、撤销产品批准文号，禁止生产、经营和使用，销毁全部库存，修改有关质量标准；在养殖企业建立用药处方制度和用药档案制度，开展养殖企业的HACCP质量管理试点；制订了药物残留监控计划，加强药物残留监控范围。

1.2.3.2　渔业可持续发展展望

（1）渔业可持续发展内涵

1987年2月，世界环境与发展委员会主席、原挪威首相布兰特夫人在 *Our Common Future* 中最早提出了"可持续发展（sustainable development）"

的概念。所谓可持续发展，是指人口、经济、社会、环境和资源相互协调的发展，其实质就是经济发展既满足当代人的各种需求，又不至于对后代人的需求构成危害的发展模式。渔业可持续发展内涵是彻底改变只考虑单纯的渔业经济增长而忽视生态环境的传统发展模式，由资源型和粗放型渔业向技术型和集约型渔业转变，综合考虑经济效益、生态效益和环境效益。从渔业产业内涵出发，渔业可持续发展包括3个层面：捕捞渔业的可持续发展、水产养殖业的可持续发展和水产品加工业的可持续发展。

①捕捞渔业。影响捕捞渔业产量增长的主要原因在于滥捕滥捞、水质污染、资源衰退和不良气候影响等方面。据联合国粮农组织近年对全球野生海洋渔业资源调查评估，在近600个鱼类种群中，有52%被全部开发、17%被过度开发、7%资源耗尽、1%从枯竭状态恢复，只有3%尚未开发。因此，合理开发利用、注重保护与改善海洋鱼类资源是推进捕捞渔业可持续发展的紧迫任务。

②水产养殖业。水产养殖业在渔业中起着越来越重要的作用，发展水产养殖业对粮食安全有重要作用。1996年，世界粮食首脑会议就曾强调，"促进与农村、农业和临海发展密切结合的、无害于环境的可持续水产养殖的发展"。然而，我国水产养殖业在迅速发展的同时也面临严峻的考验。例如，养殖水域污染加剧、养殖环境急待改善；病害不断发生、经济效益受损；苗种培育技术不稳定、生产工艺落后；产品安全形势严峻、产品出口严重受阻等。这些问题给水产养殖业的可持续发展带来阻力。因此，在提高养殖技术的同时，加强养殖环境的保护及病害防治，严格控制饲料中添加剂及渔药的使用，从而保证水产品质量安全，是实现水产养殖业可持续发展的必经之路。水产养殖业的可持续发展与水产品质量安全密不可分。加强水产品质量安全的监管工作，可促进养殖业的可持续发展；而水产养殖业的可持续发展，对保证水产品质量安全有重要意义。

③水产品加工业。水产品加工业伴随整个渔业的发展而产生，是从捕捞、养殖生产到流通上市的中间环节，也是连接渔业生产和市场的桥梁。加工产品在延长水产品的保质期、改善风味的同时，因加工过程中使用添加剂而带来某些方面的安全问题。水产品加工业只有在遵守安全与质量管理规范、建立HACCP质量管理体系的前提下，保证其产品质量安全，才能得到持续稳定的发展。

（2）渔业可持续发展展望

21世纪我国水产养殖的发展态势日趋明朗，生态养殖和工程养殖是两个发展方向。运用现代生物学理论和生物与工程技术，协调养殖生物与养殖环境的关系，达到互为友好、持续高效的目的。实现养殖生物良种化、养殖技术生态工程化、养殖产品优质高值化和养殖环境洁净化，按照"规范、引导、监管、服务"的原则，着力构建"分工明确、措施有力、保障有效、运转协调"的水产品质量安全监管体系，努力提高科技创新、协调服务、依法监管、参与国际规则制定等方面的能力。特别是全面推进绿色食品水产品的生产标准体系，全面提高水产品质量安全管理水平，促进现代渔业建设和可持续发展。

1.3　渔药的基本知识

1.3.1　渔药的定义

水产用兽药。指预防、治疗水产养殖动物疾病或有目的地调节动物生理机能的物质，包括化学药品、抗生素、中草药和生物制品等。

1.3.2　渔药的剂型

剂型是指根据预防和治疗病害的需要，结合药物的理化性质，应用加工技术将药物制备成适于直接使用、储藏和运输的制剂形式。按照不同的分类标准，可以把药物剂型分为不同的类别。常用的分类标准包括：按形态分类，可分为气体、液体、半固体和固体制剂等；按分散系统分类，可分为水剂、粉剂、颗粒剂、乳油剂、悬浮剂、片剂和微胶囊剂等；按给药途径和方法分类，可分为注射剂、洗剂、硬/软膏剂和喷雾剂等。

1.3.3　渔药的主要分类

药物通常是按药理作用分类。然而，渔药由于药理研究尚不充分，故通常以使用目的进行分类。

1.3.3.1　环境改良剂

以改良养殖水域环境为目的所使用的药物，包括底质改良剂、水质改良剂和生态条件改良剂。

1.3.3.2　消毒剂

以杀灭养殖水体、器具或者水产动物体表的微生物为目的所使用的药物。按照消毒剂的化学结构和作用不同，通常分为醛类、卤素类、氧化物、季铵盐类、金属化合物和染料类等。

1.3.3.3 抗微生物药

对细菌、真菌、支原体和病毒等微生物具有抑制或杀灭作用的一类化学物质，分为抗菌药、抗病毒药和抗真菌药等。其中，抗菌药又可分为抗生素、合成抗菌药。

1.3.3.4 杀虫驱虫药

杀虫驱虫药是指能杀灭水生动物体内外寄生虫的生长和繁殖的物质，分为抗蠕虫药、抗原虫药、杀甲壳动物药和除害药等。

1.3.3.5 调节水生动物代谢即生长的药物

水产养殖者为了提高饲料转换率，常在饲料中添加一些能调节代谢和促进生长的药物。这些添加药物要求不危害人和动物的健康，一般不具备诊断和治疗疾病的作用，大多用作改进饲料利用率。目前，在水产养殖生产中常用的调节水生动物代谢及生长的药物主要有矿物质、维生素、氨基酸、脂质、激素和酶制剂等。

1.3.3.6 中草药制剂

应用中草药防治水产养殖动物疾病，不但可以解决使用化学药物造成的耐药性和药物残留超标问题，而且符合发展绿色水产养殖业、生产绿色水产品的疾病防治原则。更为重要的是，在我国加入世界贸易组织（WTO）、实施《兽药生产质量管理规范》（以下简称兽药 GMP）管理后，国内外的药物，尤其是食用性动物用药品，正向低毒、无残留和高效药物方向转变，这正是中草药所具备的优势。很多研究成果表明，中药单方制剂或中药成方制剂在防治水产养殖动物疾病方面疗效独特。

1.3.3.7 生物制品

通过生物化学或生物技术制成的药剂，通常有特殊功用。包括水产用疫苗、免疫激活剂、某些激素、生物水质净化剂等。

1.3.3.8 其他渔药

包括抗氧化剂、麻醉剂、防霉剂、增效剂等用做辅助疗效的药物。

渔药的分类，其目的是方便使用。实际上，某些药物具有多种功用。例如，石灰既具有改良环境的功效，又有消毒的作用；某些商品药，经科学配伍，可有抗菌和保健的功用。随着药物科学技术的进步，分类将可能产生合理的改变。

1.3.4 渔药的作用解析

1.3.4.1 预防作用

在水产动物体内或者养殖环境中，均可能存在致病病原体。但是，只有病原体达到一定的数量，才能使水产动物致病。一旦病原体大量繁殖，可能会造成鱼类致病，带来巨大损失。因此，如果在发现致病病原体但尚未达到致病剂量时，可通过合适剂量的渔药，杀灭或抑制病原体的生长和繁殖，水产动物就不会发病，从而达到预防的目的。

1.3.4.2 治疗作用

当水产动物患病以后，需要通过采用治疗剂量用药，来杀灭或抑制病原菌繁殖生长，达到治疗的目的。治疗作用可以分为2种：一种是对本治疗，即消除水产动物发病原因；另一种是对症治疗，即消除水产动物疾病的某些症状。例如，如果水产动物患有肠炎病、烂鳃病等，使用漂白粉等外用杀菌药物只能杀灭水中和水产动物体表的病原，从而减轻症状，但不能彻底根治疾病，必须同时使用内服杀菌药物才能彻底治愈疾病。有时对于水产动物患病的治疗需要采取治本和治标组合方法进行。

1.3.4.3 调节作用

为了提高饲料转换率，常在饲料中添加一些能调节代谢和促进生长的药物。这些添加药物一般不具备诊断和治疗疾病的作用，但是可能会有改善养殖对象机体代谢、增强抗病能力、加快病后恢复等作用。目前，在水产养殖生产中常用的调节水生动物代谢及生长的药物主要有矿物质、维生素、氨基酸、激素等。

1.3.4.4 不良作用

药物能改变水产养殖动物机体的生理、生化过程，其应用也可能发生不良反应。药物不良反应是指为预防、诊断或治疗疾病，或为改善生理功能而应用适当剂量药物所引起的任何有害的、非预期的或治疗上不需要的反应。包括副作用、毒性反应、变态反应、特异体质反应等。

（1）副作用（side effect）

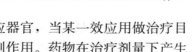

由于药理效应选择性低，涉及多个效应器官，当某一效应用做治疗目的时，其他效应就成为副反应，通常称作副作用。药物在治疗剂量下产生与治疗目的无关的药理作用，往往会给生病水产养殖动物带来不适或痛苦，但一般都较轻微，多为可恢复的功能性变化。在一定条件下，有时可利用副作用为治疗作用，也可通过某些手段来减轻。

（2）毒性反应（toxic reaction）

毒性反应是指在剂量过大或药物在水产养殖动物体内蓄积过多时发生的危害性反应。一般比较严重，但可以预知，也是应该避免发生的不良反应。急性毒性多损害循环、呼吸及神经系统功能，慢性毒性多损害肝、肾、骨髓、内分泌等功能。致癌（carcinogenesis）、致畸（teratogenesis）、致突变（mutagenesis）被称为"三致"反应，属于慢性毒性中的特殊毒性。

（3）变态反应（allergy reaction）

变态反应是一类免疫反应，是水产养殖动物机体因事先致敏而对某药发生的异常免疫反应导致的组织损害或功能紊乱，也称过敏反应（hypersensitive allergy reaction）。该反应严重程度差异较大，反应性质与药物剂量和原有效应无关，用药理拮抗药解救无效，可用生理性的拮抗药处理。

（4）特异体质反应（idiosyncrasy）

少数特异体质生病的水产养殖动物对某些药物反应特别敏感，反应性质也可能与常规情况下不同，但与药物固有的药理作用基本一致，反应严重程度与剂量成比例，药理性拮抗药救治可能有效。这种反应不是免疫反应，是一类药理遗传异常导致的反应。这些药理遗传异常不是遗传疾病，因为只有在有关药物触发时才会出现异常症状。

（5）后遗效应（residual effect）

后遗效应是指停药后血药浓度已降至阈浓度以下时残存的药理效应。

（6）停药反应（withdrawal reaction）

突然停药后原有疾病的加剧，又称回跃反应（rebound reaction）。

1.3.5　常见的渔药安全使用技术

1.3.5.1　病害有效预防

防重于治，已经成为行业共识。当前水产养殖病害日趋严重，仅依靠治疗药物已无法解决病害问题。特别在大规模、集约化饲养条件下，对渔病的防治更应体现"防重于治"。

通过水质改良剂、生物制剂和增强水生生物机体免疫力的各种预防性药物创造良好、稳定的生存环境，增强水生生物体质，减少疾病发生。清塘消毒宜选用杀菌力强、药效期短、药物残留少的药物。定期使用有益活菌改良养殖水体，为养殖水生生物创造良好稳定的生活环境，减少疾病发生。养殖中后期如果池塘底质较差时，选用颗粒状、沉水活菌产品进行底部改良，结合使用一些沸石粉高效底改，效果更好。平常不要用抗生素、磺胺类药物，多将中草药添加到饲料中预防疾病。

1.3.5.2　科学选择用药

养殖发生病害时，选择渔药应严格遵守国家和有关部门的规定，以不危害人类健康和不破坏水域生态环境为基本原则。渔药必须是具有兽药许可证且通过农业部兽药 GMP 认证的正规兽药生产企业生产，且取得产品批准文号和有生产标准的渔药。根据"三效"（高效、速效、长效）和"三小"（剂量小、毒性小、副作用小）选用渔药，不要购买和使用国家禁用药品，提倡选择使用水产专用药、生物性渔药与渔用生物制品。渔药必须容易分解或降解，产物基本上是无害的或者很容易通过其他动物转换，避免药物在养殖对象的组织中或生产环境中积累。

应对症下药，防止滥用渔药与盲目加大用药量、增加用药次数或延长用药时间，以免影响水产品质量。各类疾病的选择用药依据标准有关规定，在水生动物类执业兽医的指导下用药。科学合理的用药方法对防治效果起着重要的作用，常用方法有全池泼洒、浸浴、内服、挂篓挂袋、注射、局部涂抹和间接投药等。全池泼洒法必须做到药物充分溶化和泼洒均匀，保证所有个体都接触到药物，泼洒药物应选择晴天上午 9 时进行。应尽量避免傍晚施药，以防药物杀死水中的浮游生物后，腐烂造成水中溶解氧的缺乏，引起池鱼的浮头死亡（该种情况极易造成病鱼中毒死亡的假象）。内服对预防体内寄生虫和细菌感染有较好的效果，但要防止盲目增大剂量、增加用药次数及延长用药时间。

1.3.5.3　严格遵守休药期制度，防止药物残留

水产品上市前，应严格遵守休药期制度。停药期应满足农业部公告第 278 号的规定、《中华人民共和国兽药典　兽药使用指南　化学药品卷》（2010 版）［以下简称《化学药品卷》（2010 版）］的规定，以避免药物的残留危害人体健康。

1.3.5.4　杜绝使用的禁用药物

在水产养殖过程中，正确使用渔药非常重要。所用渔药应符合农业部公告第 1435 号、第 1506 号和第 1759 号的规定，应来自取得生产许可证和产品批准文号的生产企业，或者取得"进口兽药登记许可证"的供应商。用于预防或治疗疾病的渔药应符合农业部《中华人民共和国兽药典》、《兽药质量标准》、《兽用生物制品质量标准》和《进口兽药质量标准》等有关规定。

1.4　渔药使用对水产养殖业的作用及渔药残留

1.4.1　渔药使用对水产养殖业的作用

随着水产养殖技术水平的不断提高，渔药（包括渔药添加剂）在降低发病率与死亡率、提高饵料利用率、促生长、改善病况和提高产品品质等方面起到不可或缺的作用。渔药的正确使用，可有效确保和提高渔业产量。作为渔药，一般具有下列 8 项功能之一：一是治疗疾病；二是预防疾病；三是消灭、控制敌害；四是改善养殖环境；五是增进机体健康；六是增强机体抗病能力；七是促进生长；八是疾病诊断。由于水和水产品均是人类生活中重要的组成部分，药物和毒物之间并无绝对的界限，渔药使用不当，可直接或间接地影响人体和动物机体健康或水域环境与生态。因此，作为渔药必须考虑安全性、蓄积性和对环境可能造成的污染。

1.4.2　渔药残留对水产养殖业的危害

由于科学知识的缺乏和经济利益的驱使，水产动物生产中存在滥用渔药和超标使用渔药的现象。其后果：一方面是导致水产品中的渔药残留，摄入人体后影响人类的健康；另一方面，所有水产养殖场和水产养殖专业户池塘或河沟的养殖用水未经任何处理就向外排放，给生态环境带来不利影响。渔药残留的危害主要包括以下几个方面。

1.4.2.1　毒性反应

毒性反应是指在药物使用剂量过大或蓄积过多时机体发生的危害性反应，一般较严重，但可以预知，也可以避免的一种不良反应。分为急性毒性和慢性毒性。急性毒性可因剂量过大而即刻发生，多损害循环、呼吸和神经系统功能；慢性毒性，可因药物长期积蓄而产生，多损害肝、肾、骨髓、内分泌等功能，致癌、致畸、致突变属于慢性毒性范畴。

1.4.2.2　变态反应

变态反应，又称过敏反应，是指机体接受药物刺激后发生的异常免疫反应。临床症状各药不同，各人不同，反应性质与药理效应无关，反应程度与剂量无关。停药后反应逐渐消失，再用时可能再发。例如，当人们食用含有抗生素类、磺胺类、碘等药物残留水产品时，这些低分子化学物质本身不具抗原性，但具有半抗原性，能与高分子载体结合成完全抗原。轻度的变态反应仅引起荨麻疹、皮炎、发热等，严重的可导致休克，甚至危及生命。

1.4.2.3　对胃肠微生物的影响

在正常情况下，人体的胃肠存在大量菌群，且互相拮抗、制约以维持平衡。如果长期接触有抗微生物药物残留的食品，部分敏感菌群会受到抑制或被杀死，而耐药菌或条件致病菌大量繁殖，微生物平衡遭到破坏引起疾病的发生，损害人类健康。

1.4.2.4　诱导耐药菌株

抗微生物药物的广泛使用，特别是饵料中长期以亚治疗剂量添加抗微生物药物或生产中滥用药物，易于诱导耐药菌株。细菌的耐药基因位于 R 质粒上，能进行自由复制，既可以遗传，又能通过转导的细菌间进行转移和传播。由耐药菌引起人类感染性疾病，治疗更为困难，虽然有时可以采用一些替代药品，但寻找过程会延误正常的治疗。

1.4.2.5　生态环境毒性

除个别情况外，绝大多数是对水体中养殖的群体用药。而药物的种类繁多、成分复杂，这样就不可避免地要给水体带来污染，特别是那些可能造成二次污染的重金属盐类（如含汞、铜的消毒剂和杀虫剂）或半衰期较长的清塘杀虫剂（如林丹、五氯酚钠等）和可能在水生生物体内引起"富集作用"的药物。

1.4.3　禁用药物使用对水产养殖业影响的案例

多宝鱼（学名大菱鲆）原产于欧洲大西洋一带，肉质鲜美，营养丰富，1992 年引入中国。据统计，截至 2005 年底，全国多宝鱼年养殖产量约为 5 万 t，养殖面积为 500 万 m²，养殖企业和厂家为 700 家，已形成了包括养殖、销售、运输在内的年产值约 30 亿元的大产业。2006 年 11 月，上海市食品药品监督管理局发出消费预警：由于在多宝鱼专项抽检中，30 件样本全部检出可能致癌的违禁药物，部分样品同时还检出多种禁用药物残留。随后，农业部等有关部门对多宝鱼进行了严格检测。经检测确认，山东省日照市 3 家企业，在养殖过程中违规使用氯霉素、孔雀石绿等违禁药物。一时间，消费者"谈鱼色变"，多宝鱼出口滞销，价格下跌，对产业造成了沉重打击。

第2章

《绿色食品　渔药使用准则》解读

本章严格遵照《绿色食品　渔药使用准则》（NY/T 755—2013）的相关规定，通过对每一个条款的详细解读，配合过程描述、图片、实例等，使读者能够更清晰地理解标准的含义，指导和规范绿色食品水产品用药过程。

2.1　前言

【标准原文】

本标准按照 GB/T 1.1—2009 给出的规则起草。

本标准代替 NY/T 755—2003《绿色食品　渔药使用准则》，与 NY/T 755—2003 相比，除编辑性修改外主要技术变化如下：

——修改了部分术语和定义；

——删除了允许使用药物的分类列表；

——重点修改了渔药使用的基本原则和规定；

——用列表将渔药划分为预防用渔药和治疗用渔药；

——本标准的附录 A 和附录 B 是规范性附录。

本标准由农业部农产品质量安全监管局提出。

本标准由中国绿色食品发展中心归口。

本标准起草单位：中国水产科学研究院黄海水产研究所、江苏溧阳市长荡湖水产良种科技有限公司、青岛卓越海洋科技有限公司、中国绿色食品发展中心。

本标准主要起草人：周德庆、朱兰兰、潘洪强、乔春楠、马卓、刘云峰、张瑞玲。

本标准的历次版本发布情况为：

——NY/T 755—2003。

【内容解读】

NY/T 755—2003《绿色食品　渔药使用准则》的发布实施规范了绿色食品水产品的渔药使用，促进了绿色食品水产品质量安全水平的提高。但是，随着水产养殖、加工等的不断发展，渔药种类、使用限量和管理等出现了新变化、新规定，原版标准已不能满足绿色食品水产品生产和管理新要求，急需对标准进行修订。

为更好地了解鱼、虾、蟹等水产品养殖过程中的渔药使用情况，增强标准的可操作性和对水产品的生产、销售、消费等各个环节更全面、客观的认识，标准修订组在查阅文献、参考历年来国家水产品质检中心抽查情况的基础上，对国内鱼、虾、蟹类产品市场渔药使用情况进行了系统深入的调研工作。

标准修订小组查阅了国内外相关的标准材料，包括国外（国际组织和发达国家）已颁布实施的各类兽药、渔药法规等；我国已颁布实施的《兽药管理条例》和各种兽药、渔药的使用准则；现有绿色食品水产品的产品标准；国家食品安全标准、法律法规等作为修订此次标准的依据。按照本标准生产或认证的产品，首先应符合国家标准，同时，根据绿色食品标准的特定要求，产品还应符合绿色食品标准的相关要求和规定，保证其是优质、安全和营养的食品。

首先，标准修订组收集了关于鱼、虾、蟹从育苗到生产加工的整个过程的资料，仔细研究了近几年国内各质检机构对鱼、虾、蟹等的抽检报告。结果显示，水产品中渔药的滥用现象依然存在，主要是在水产养殖过程中滥用呋喃类药物、磺胺类药物、激素等，使用程度最为严重的是鳗、甲鱼、黄鱼等。如在孔雀石绿的例行监测中，在 160 个检测孔雀石绿的样品中，有 19 个检出，检出率为 11.9%。检出孔雀石绿的样品为鳗鲡（8个）、鲤（5个）、草鱼（3个）、鲫（2个）和甲鱼（1个）。超标样品来自批发市场、农贸市场和超市。值得注意的是，部分地区的海水养殖产品如大菱鲆、海参仍在使用禁用药物。

其次，在对采集样品进行指标验证测定的基础上，标准修订组对 7 家水产生产企业进行了实地考察和技术咨询，从鱼、虾、蟹的生产规模、生产工艺、产销途径、消费模式等进行了科学调研。结果显示，在鱼、虾、蟹的养殖过程中，大企业或认证企业渔药的使用规范，但对于新型微生态制剂、环境改良剂、抗寄生虫、微生物药剂、消毒剂等的使用仍存在使用不规范、使用频率不当等现象，有待于进一步规范。

2.2 引言

【标准原文】

　　绿色食品是指产自优良生态环境、按照绿色食品标准生产、实行全程质量控制并获得绿色食品标志使用权的安全、优质食用农产品及相关产品。绿色食品水产养殖用药坚持生态环保原则，渔药的选择和使用应保证水资源和相关生物不遭受损害，保护生物循环和生物多样性，保障生产水域质量稳定。

　　科学规范使用渔药是保证绿色食品水产品质量安全的重要手段，NY/T 755—2003《绿色食品　渔药使用准则》的发布实施规范了绿色食品水产品的渔药使用，促进了绿色食品水产品质量安全水平的提高。但是，随着水产养殖、加工等的不断发展，渔药种类、使用限量和管理等出现了新变化、新规定，原版标准已不能满足绿色食品水产品生产和管理新要求，急需对标准进行修订。

　　本次修订在遵循现有食品安全国家标准的基础上，立足绿色食品安全优质的要求，突出强调要建立良好养殖环境，并提倡健康养殖，尽量不用或者少用渔药，通过增强水产养殖动物自身的抗病力，减少疾病的发生。本次修订还将渔药按预防药物和治疗药物分别制定使用规范，对绿色食品水产品的生产和管理更有指导意义。

【内容解读】

　　药物防治作为水生动物病害控制的三大措施之一，因最直接、经济和有效，得到了养殖者的广泛接受，但同时由于渔药的滥用或不合理使用，也带来许多负面影响。特别是，在我国渔药属于兽药范畴，但涉及的水产动物与家畜家禽差别较大，在生产和使用上有明显的特点，科学规范使用渔药是保证绿色食品水产品质量安全的重要手段。

　　《绿色食品　渔药使用准则》标准是绿色食品生产的基础标准之一，标准中增设引言的目的：一是突出绿色食品理念；二是说明合理使用渔药在绿色食品生产中的重要作用和意义；三是说明标准编写的基本原则和依据。

2.3　范围

【标准原文】

本标准规定了绿色食品水产养殖过程中渔药使用的术语和定义、基本原则和使用规定。

本标准适用于绿色食品水产养殖过程中疾病的预防和治疗。

【内容解读】

本部分主要说明标准的主要内容和适用范围。本标准规定了绿色食品水产品生产中渔药使用的基本原则，可使用和不可使用的渔药种类以及各类的使用要求。本标准主要适用于绿色食品水产品生产中渔药的使用，申报和使用绿色食品标志的生产企业必须严格按本标准的要求执行。因本标准是对普通水产养殖的更高要求，对于水产养殖用药具有普遍的指导意义，因此鼓励非绿色食品企业选用本标准。

2.4　术语和定义

【标准原文】

3.1

AA 级绿色食品　AA grade green food

产地环境质量符合 NY/T 391 的要求，遵照绿色食品生产标准生产，生产过程中遵循自然规律和生态学原理，协调种植业和养殖业的平衡，不使用化学合成的肥料、农药、兽药、渔药、添加剂等物质，产品质量符合绿色食品产品标准，经专门机构许可使用绿色食品标志的产品。

【内容解读】

AA 级绿色食品产地环境质量应当符合 NY/T 391 的要求，并且按照 AA 级绿色食品生产标准要求进行生产，生产过程中更重视自然规律与生态学原理，不得使用化学合成的相关投入品。

【实际操作】

（1）产地环境

产地环境质量符合 NY/T 391 的要求。

（2）标准

应当符合绿色食品生产标准中对应的 AA 级绿色食品的要求。

（3）投入品

重视自然规律和生态学原理，不使用化学合成的肥料、农药、生长调节剂、兽药、饲料添加剂等相关投入品，允许使用非化学合成的投入品，例如生物肥料、天然杀菌剂、天然色素等。

（4）产品质量

AA 级绿色食品的质量应当符合相应的绿色食品产品标准。

（5）绿色食品标志

经过中国绿色食品发展中心指定的专门机构的认定，并获得绿色食品标志使用证书，在规定的时间和范围内进行使用。

【标准原文】

3.2

A 级绿色食品　A grade green food

产地环境质量符合 NY/T 391 的要求，遵照绿色食品生产标准生产，生产过程中遵循自然规律和生态学原理，协调种植业和养殖业的平衡，限量使用限定的化学合成生产资料，产品质量符合绿色食品产品标准，经专门机构许可使用绿色食品标志的产品。

【内容解读】

A 级绿色食品产地环境质量应当符合 NY/T 391 的要求，并且按照对应的 A 级绿色食品生产标准要求进行生产，生产过程允许限量使用限定的化学合成生产资料，但是要严格按照绿色食品生产资料使用准则和生产操作规程要求进行使用。

【实际操作】

（1）产地环境

产地环境质量符合 NY/T 391 的要求。

（2）标准

应当符合绿色食品生产标准中对应的 A 级绿色食品的要求。

（3）投入品

允许限量使用限定的化学合成生产资料，但是要严格按照绿色食品生产资料使用准则和生产操作规程要求进行使用。即每一种允许使用的化学合成生产资料都应该在绿色食品生产资料目录内，并且按照限定的量进行，不能超范围和超量使用化学合成生产资料。

（4）产品质量

A 级绿色食品的质量应当符合相应的绿色食品产品标准。

（5）绿色食品标志

经过中国绿色食品发展中心指定的专门机构的认定，并获得绿色食品标志使用证书，在规定的时间和范围内进行使用。

【标准原文】

3.3

渔药 fishery medicine

水产用兽药。

指预防、治疗水产养殖动物疾病或有目的地调节动物生理机能的物质，包括化学药品、抗生素、中草药和生物制品等。

【内容解读】

药物是指用来预防、治疗、诊断疾病和协助机体恢复正常功能的物质。顾名思义，渔药是指专门用于渔业方面为确保水产动物机体健康成长的药物。故其应用范围限定于水产养殖业，而在捕捞渔业和渔产品加工业方面所使用的物质，则不包括在渔药范畴内。

【实际操作】

对象：水产养殖动物。渔药的适用对象仅限于水产养殖动物。在水产捕捞、加工过程中使用的药物，不属于渔药。

目的：预防、治疗疾病或有目的地调节动物生理机能。围绕绿色食品的基本要求，水产养殖过程中应突出强调要建立良好养殖环境，提倡健康养殖，尽量不用或者少用渔药，渔药仅限于必要的预防、治疗疾病和调节生理机能的情况下才能使用。

种类：渔药种类较多，包括化学药品、抗生素、中草药和生物制品等，绿色食品水产品使用渔药必须是在绿色食品标准渔药的目录内，且按照规定的使用方法和剂量使用。

【标准原文】

3.4

渔用抗微生物药　fishery antimicrobial agents

抑制或杀灭病原微生物的渔药。

【内容解读】

当水产动物产生疾病时，用于治疗疾病，能抑制或杀灭水产动物的病原微生物的药物。这里所述的水产动物病原微生物包括引起水产动物致病的细菌、病毒、真菌等，但不包括寄生虫。

【实际操作】

作用：抑制或杀灭作用。在水产动物产生疾病时，渔用抗微生物药的作用是用来抑制或杀灭致病微生物，在水产动物健康时，不需要使用抗微生物药。

对象：渔用抗微生物药的作用对象是病原微生物。

生产常用药：盐酸多西环素粉（Doxycycline Hyclate Powder）、氟苯尼考粉（Florfenicol Powder）、氟苯尼考粉预混剂（50%）（Florfenicol Premix-50）、氟苯尼考粉注射液（Florfenicol Injection）、硫酸锌霉素（Neomycin Sulfate Powder）等，具体药品信息及使用请参照用药标准，并在水生动物类执业兽医的指导下用药。

【标准原文】

3.5

渔用抗寄生虫药　fishery antiparasite agents

杀灭或驱除水产养殖动物体内、外或养殖环境中寄生虫病原的渔药。

【内容解读】

在水产养殖过程中，水产动物可能会患寄生虫病，寄生虫对水产养殖动物影响显著时可能引起宿主生长发育缓慢，抵抗力下降，甚至造成死亡，给水产养殖业造成很大损失。此时，可以用渔用抗寄生虫药来杀灭或者驱除水产养殖动物体内、外或养殖环境中的寄生虫病原。

【实际操作】

作用：杀灭或驱除作用。抗寄生虫药又称杀虫驱虫药，渔用抗寄生虫药有的可以杀灭寄生虫，有的可以将寄生虫从水产动物体内驱逐出来。

对象：渔用抗寄生虫药可以用于水产养殖动物体内寄生虫的防治、水产养殖动物体外寄生虫的防治，也可以用于养殖环境的寄生虫的防治。

生产常用药：硫酸锌粉（Zinc Sulfate Powder）、硫酸锌三氯异氰脲酸粉（Zinc sulfate and Trichloroisocyanuric Powder）、盐酸氯苯胍粉（Robenidinum Hydrochloride Powder）、阿苯达唑粉（Albendazole Powder）、地克珠利预混剂（Diclazuril Premix）等。具体药品信息及使用请参照用药标准，并在水生动物类执业兽医的指导下用药。

【标准原文】

3.6

渔用消毒剂 fishery disinfectant

用于水产动物体表、渔具和养殖环境消毒的药物。

【内容解读】

水产养殖过程中，水产动物所在的养殖环境、养殖器具及水产动物表面均可能存在致病微生物，具有引发水产动物疾病的风险，因此，可以通过渔用消毒剂来对水产动物体表、渔具和养殖环境进行消毒，从而消灭部分病原菌，起到预防水产动物疾病的目的。

【实际操作】

作用：消毒作用。即杀灭病原微生物，预防水产动物患病。

对象：水产动物体表、渔具和养殖环境。

生产常用药：聚维酮碘溶液（Povidone Iodine Solution）、三氯异氰脲酸粉（Trichloroisocyanuric Acid Powder）、复合碘溶液（Complex Iodine Solution）、蛋氨酸碘粉（Methionine Iodine Powder）、高碘酸钠（Sodium Periodate Solution）、苯扎溴铵溶液（Benzalkonium Bromide Solution）等，具体药品信息及使用请参照用药标准，并在水生动物类执业兽医的指导下用药。

【标准原文】

3.7

　　渔用环境改良剂　environment conditioner
　　改善养殖水域环境的药物。

【内容解读】

　　渔用环境改良剂是以改良养殖水域环境为目的而使用的药物，包括底质改良剂、水质改良剂和生态条件改良剂。

【实际操作】

　　作用：改善作用。即渔用环境改良剂使用之后，养殖环境应该得到改善，更加适合水产养殖动物的生存。
　　对象：应用对象为养殖水域环境。即渔用环境改良剂改善的对象为养殖水域环境，不包括养殖设施等其他对象。
　　生产常用药：过硼酸钠（Sodium Perborate Powder）、过碳酸钠（Sodium Percarbonate）、过氧化钙（Calcium Peroxide Powder）、过氧化氢溶液（Hydrogen Peroxide Solution）等，具体药品信息及使用请参照用药标准，并在水生动物类执业兽医的指导下用药。

【标准原文】

3.8

　　渔用疫苗　fishery vaccine
　　预防水产养殖动物传染性疾病的生物制品。

【内容解读】

　　渔用疫苗是指采用具有良好免疫原性的水生动物病原及其代谢产物制成，用以接种水产动物使之产生相应的特异性免疫力，从而使其能预防疾病的一类生物制品。

【实际操作】

　　作用：预防传染病的作用。
　　对象：接种到水产养殖动物。
　　属性：是一种生物制品。主要是根据免疫学的原理，通过生物技术手段，制成的一种能够预防疾病的生物制品，非化学合成药品。

生产常用药：草鱼出血病灭活疫苗（Grass Carp Hemorrhage Vaccine，Inactivated）、牙鲆鱼溶藻弧菌、鳗弧菌、迟缓爱德华病多联抗独特型抗体疫苗（Vibrio alginolyticus，Vibrio anguillarum，slow Edward disease multiple anti idiotypic antibody vaccine）、鱼嗜水气单胞菌败血症灭活疫苗（Aeromonas hydrophila septicemia，Inactivated）、鱼虹彩病毒病灭活疫苗（Iridovirus Vaccine，Inactivated）、鰤鱼格氏乳球菌灭活疫苗（BY1 株）（Lactococcus Garviae Vaccine，Inactivated）（Strain BY1），具体药品信息及使用请参照用药标准，并在水生动物类执业兽医的指导下用药。

【标准原文】

3.9

停药期　withdrawal period

从停止给药到水产品捕捞上市的间隔时间。

【内容解读】

停药期又称休药期，由于使用渔药之后，在预防、治疗水产养殖动物疾病或有目的地调节动物生理机能的同时，不同药物在水产动物体内的代谢周期长短不一，为了防止渔药残留对消费者健康造成威胁，要求渔药在水产动物体内经过代谢和衰减，其含量达到安全水平时才允许水产品上市销售。因此，从停止给药到水产品捕捞上市这段间隔定义为停药期，期间不允许使用渔药。不同的渔药，其停药期可能是不同的。

【实际操作】

目的：为了保障渔药在水产动物体内充分代谢，使其残留水平达到安全水平，不对消费者健康造成危害。

范围：从停药到水产品上市之间的间隔时间，这一段时间内不得使用渔药；不同的渔药在不同的水产动物中使用，可能具有不同的停药期，这主要是根据不同药物在不同水产动物中的代谢情况制定的。具体停药期应该遵循相应的停药期规定。

2.5 渔药使用的基本原则

【标准原文】

4.1 水产品生产环境质量应符合 NY/T 391 的要求。生产者应按农业部《水产养殖质量安全管理规定》实施健康养殖。采取各种措施避免应激、增强水产养殖动物自身的抗病力，减少疾病的发生。

【内容解读】

本条款规定了绿色食品水产品生产环境质量要求，即应符合 NY/T 391《绿色食品 产地环境质量》标准的要求。绿色食品生产应选择生态环境良好、无污染的地区，远离工矿区和公路铁路干线，避开污染源。建立生物栖息地，保护基因多样性、物种多样性和生态系统多样性，以维持生态平衡。渔业养殖用水应达到标准要求，见表 2-1。

表 2-1 绿色食品渔业水质要求

项目	指标	
	淡水	海水
色、臭、味	不应有异色、异臭、异味	
pH	6.5~9.0	
溶解氧，mg/L	>5	
生化需氧量（BOD_5），mg/L	≤5	≤3
总大肠菌群，MPN/100mL	≤ 500（贝类 50）	
总汞，mg/L	≤ 0.000 5	≤ 0.000 2
总镉，mg/L	≤ 0.005	
总铅，mg/L	≤ 0.05	≤ 0.005
总铜，mg/L	≤ 0.01	
总砷，mg/L	≤0.05	≤ 0.03
六价铬，mg/L	≤ 0.1	≤ 0.01
挥发酚，mg/L	≤ 0.005	
石油类，mg/L	≤ 0.05	
活性磷酸盐（以 P 计），mg/L	—	≤0.03

注：水中漂浮物质需要满足水面不应出现油膜或浮沫要求。

同时强调按照农业部《水产养殖质量安全管理规定》实施健康养殖。健康养殖是指通过采用投放无疫病苗种、投喂全价饲料及人为控制养殖环境条件等技术措施，使养殖生物保持最适宜生长和发育的状态，实现减少养殖病害发生、提高产品质量的一种养殖方式。

【标准原文】

4.2 按《中华人民共和国动物防疫法》的规定，加强水产养殖动物疾病的预防，在养殖生产过程中尽量不用或者少用药物。确需使用渔药时，应选择高效、低毒、低残留的渔药，应保证水资源和相关生物不遭受损害，保护生物循环和生物多样性，保障生产水域质量稳定。在水产动物病害控制过程中，应在水生动物类执业兽医的指导下用药。停药期应满足中华人民共和国农业部公告第 278 号规定、《中国兽药典兽药使用指南化学药品卷》（2010 版）的规定。

【内容解读】

本条款是针对水产品养殖用药的规定。绿色食品生产提倡"健康养殖、预防为主"，加强水产养殖动物疾病的预防，这一理念贯穿标准始终。强调尽量不用或少用药物，确需用药时，要有选择地用药。这在标准的后面部分有详细规定：不应使用中华人民共和国农业部公告第 176 号（附录2）、第 193 号（附录 3）、第 235 号（附录 4）、第 560 号和第 1519 号中规定的渔药；不应使用药物饲料添加剂；不应为了促进养殖水产动物生长而使用抗菌药物、激素或其他生长促进剂；不应使用通过基因工程技术生产的渔药。在用药技术上强调由水生生物类执业兽医指导，使用方法及停药期要符合农业部公告第 278 号和《中国兽药典兽药使用指南化学药品卷》（2010 版）的规定。

【标准原文】

4.3 所用渔药应符合中华人民共和国农业部公告第 1435 号、第 1506 号、第 1759 号，应来自取得生产许可证和产品批准文号的生产企业，或者取得《进口兽药登记许可证》的供应商。

【内容解读】

本条款是针对渔药本身来源的规定，只有选择安全优质、来源正规的渔药产品才能保证有效预防和治疗养殖动物疾病。首先绿色食品所用渔药应是农业部公告第 1435 号（附录 5）、第 1506 号和第 1759 号批准发布的三

批兽药品种目录中的产品；其次渔药的来源，应来自经国家相关部门审批取得生产许可证和产品批准文号的生产企业，进口渔药必须取得《进口兽药登记许可证》。

【标准原文】

4.4 用于预防或治疗疾病的渔药应符合中华人民共和国农业部《中华人民共和国兽药典》、《兽药质量标准》、《兽用生物制品质量标准》和《进口兽药质量标准》等有关规定。

【内容解读】

本条款规定渔药的质量标准，必须符合国家的相关规定。目前农业部关于兽药质量的规定有《中华人民共和国兽药典》、《兽药质量标准》、《兽用生物制品质量标准》和《进口兽药质量标准》等。

2.6 生产 AA 级绿色食品水产品的渔药使用规定

【标准原文】

按 GB/T 19630.1 的规定执行。

【内容解读】

GB/T 19630《有机产品》分为 4 个部分："第 1 部分：生产"、"第 2 部分：加工"、"第 3 部分：标识与销售"和"第 4 部分：管理体系"。

在我国 AA 级绿色食品生产基本等同于有机农业。GB/T 19630.1 为《有机食品 第 1 部分：生产》。标准规定了农作物、食用菌、野生植物、畜禽、水产、蜜蜂及其未加工产品的有机生产通用规范和要求。其中第九章是水产养殖。

注：有机农业（organic agriculture）是遵照一定的有机农业生产标准，在生产中不采用基因工程获得的生物及其产物，不使用化学合成的农药、化肥、生长调节剂、饲料添加剂等物质，遵循自然规律和生态学原理，协调种植业和养殖业的平衡，采用一系列可持续发展的农业技术以维持持续稳定的农业生产体系的一种农业生产方式。

【实际操作】

在 GB/T 19630.1 的 9.4.3"疾病防治"中包含了渔药使用规定，应准确理解并按要求实施。具体条款如下。

（1）养殖对象的健康主要通过预防措施（如优化管理、饲养、进食）来保证。所有的管理措施旨在提高生物的抗病力。

（2）养殖密度不能影响水生生物的健康，不能引起其行为异常。必须定期监测生物的密度，并根据需要进行水质监测。

（3）允许使用生石灰、漂白粉、茶籽饼和高锰酸钾对养殖水体和池塘底泥进行消毒，以预防水生生物疾病的发生。禁止使用抗生素、化学合成的抗寄生虫药或其他化学合成的渔药消毒。

（4）患病的水生生物，应优先采用自然疗法。

（5）在预防措施和天然药物治疗无效的情况下，允许对水生生物使用常规渔药。在进行常规药物治疗时，必须对患病生物（水产）采取隔离措施。使用过常规药物的水生生物必须经过所使用药物的 2 个停药期后才能被继续作为有机水生生物销售。

（6）禁止使用抗生素、化学合成药物和激素对水产品实行日常的疾病预防处理。要定期检查水产种苗的健康状况。

（7）当有发生某种疾病的危险而不能通过其他管理技术进行控制，或国家法律有规定时，可为水生生物接种疫苗，但不允许使用转基因疫苗。

2.7 生产 A 级绿色食品水产品的渔药使用规定

本部分制定了生产 A 级绿色食品水产品的渔药使用规定。绿色食品标准中技术内容的确定首先应该遵守相关的国家标准要求，《绿色食品 渔药使用准则》中治疗水生生物疾病药物应符合现行的兽药典、兽药实用指南及农业部相关公告的规定。

允许使用药物的筛选原则：以《中华人民共和国兽药典》作为指导，基于中华人民共和国农业部公告第 1435 号、第 1506 号和第 1709 号中《兽药试行标准转正标准目录》（共三批）允许使用的药物名单，特别是水产允许使用用药名录，大量调研水产养殖、生产过程中的用药种类，结合药物的使用安全性和水产养殖用药的实际情况，参考相关文献，逐一甄别，剔除已明确可能对水产动物、人身健康造成危害的药物，使用最终形成绿色食品生产中可以使用的药物名录。

【标准原文】

6.1 优先选用 GB/T 19630.1 规定的渔药。

【内容解读】

生产中，A 级绿色食品提倡优先使用 AA 级绿色食品水产品 GB/T 19630.1 规定的渔药。

【实际操作】

详见 2.5 生产 AA 级绿色食品水产品的渔药使用规定中"实际操作"的内容。

【标准原文】

6.2 预防用药见附录 A。

附　录　A

（规范性附录）

A 级绿色食品预防水产品养殖动物疾病药物

A.1　国家兽药标准中列出的水产用中草药及其成药制剂

见《兽药国家标准化学药品、中药卷》。

A.2　生产 A 级绿色食品预防用化学药物及生物制品

见表 A.1。

表 A.1　生产 A 级绿色食品预防用化学药物及生物制品目录

类别	制剂与主要成分	作用与用途	注意事项	不良反应
调节代谢或生长药物	维生素 C 钠粉（Sodium Ascorbate Powder）	预防和治疗水生动物的维生素 C 缺乏症等	1. 勿与维生素 B_{12}、维生素 K_3 合用，以免氧化实效 2. 勿与含铜、锌离子的药物混合使用	
疫苗	草鱼出血病灭活疫苗（Grass Carp Hemorrhage Vaccine, Inactivated）	预防草鱼出血病。免疫期 12 个月	1. 切忌冻结，冻结的疫苗严禁使用 2. 使用前，应先使疫苗恢复至室温，并充分摇匀 3. 开瓶后，限 12h 内用完 4. 接种时，应作局部消毒处理 5. 使用过的疫苗瓶、器具和未用完的疫苗等应进行消毒处理	

表 A.1（续）

类别	制剂与主要成分	作用与用途	注意事项	不良反应
疫苗	牙鲆鱼溶藻弧菌、鳗弧菌、迟缓爱德华病多联抗独特型抗体疫苗（Vibrio alginolyticus, Vibrio anguillarum, slow Edward disease multiple anti idiotypic antibody vaccine）	预防牙鲆鱼溶藻弧菌、鳗弧菌、迟缓爱德华病。免疫期为 5 个月	1. 本品仅用于接种健康鱼 2. 接种、浸泡前应停食至少 24h，浸泡时向海水内充气 3. 注射型疫苗使用时应将疫苗与等量的弗氏不完全佐剂充分混合。浸泡型疫苗倒入海水后也要充分搅拌，使疫苗均匀分布于海水中 4. 弗氏不完全佐剂在 2℃～8℃ 储藏，疫苗开封后，应限当日用完 5. 注射接种时，应尽量避免操作对鱼造成的损伤 6. 接种疫苗时，应使用 1 毫升的一次性注射器，注射中应注意避免针孔堵塞 7. 浸泡的海水温度以 15℃～20℃ 为宜 8. 使用过的疫苗瓶、器具和未用完的疫苗等应进行消毒处理	
	鱼嗜水气单胞菌败血症灭活疫苗（Aeromonas hydrophila septicemia，Inactivated）	预防淡水鱼类特别是鲤科鱼的嗜水气单胞菌败血症，免疫期为 6 个月	1. 切忌冻结，冻结的疫苗严禁使用，疫苗稀释后，限当日用完 2. 使用前，应先使疫苗恢复至室温，并充分摇匀 3. 接种时，应作局部消毒处理 4. 使用过的疫苗瓶、器具和未用完的疫苗等应进行消毒处理	
	鱼虹彩病毒病灭活疫苗（Iridovirus Vaccine, Inactivated）	预防真鲷、鰤鱼属、拟鰺的虹彩病毒病	1. 仅用于接种健康鱼 2. 本品不能与其他药物混合使用 3. 对真鲷接种时，不应使用麻醉剂 4. 使用麻醉剂时，应正确掌握方法和用量 5. 接种前应停食至少 24h 6. 接种本品时，应采用连续性注射，并采用适宜的注射深度，注射中应避免针孔堵塞	

表 A.1（续）

类别	制剂与主要成分	作用与用途	注意事项	不良反应
疫苗			7. 应使用高压蒸汽消毒或者煮沸消毒过的注射器 8. 使用前充分摇匀 9. 一旦开瓶，一次性用完 10. 使用过的疫苗瓶、器具和未用完的疫苗等应进行消毒处理 11. 应避免冻结 12. 疫苗应储藏于冷暗处 13. 如意外将疫苗污染到人的眼、鼻、嘴中或注射到人体内时，应及时对患部采取消毒等措施	
	鰤鱼格氏乳球菌灭活疫苗（BY1株）（Lactococcus Garviae Vaccine, Inactivated）（Strain BY1）	预防出口日本的五条鰤、杜氏鰤（高体鰤）格氏乳球菌病	1. 营养不良、患病或疑似患病的靶动物不可注射，正在使用其他药物或停药 4d 内的靶动物不可注射 2. 靶动物需经 7d 驯化并停止喂食 24h 以上，方能注射疫苗，注射 7d 内应避免运输 3. 本疫苗在 20℃ 以上的水温中使用 4. 本品使用前和使用过程中注意摇匀 5. 注射器具，应经高压蒸汽灭菌或煮沸等方法消毒后使用，推荐使用连续注射器 6. 使用麻醉剂时，遵守麻醉剂用量 7. 本品不与其他药物混合使用 8. 疫苗一旦开启，尽快使用 9. 妥善处理使用后的残留疫苗、空瓶和针头等 10. 避光、避热、避冻结 11. 使用过的疫苗瓶、器具和未用完的疫苗等应进行消毒处理	

表 A.1（续）

类别	制剂与主要成分	作用与用途	注意事项	不良反应
消毒用药	溴氯海因粉（Bromochlorodi-methylhydantoin Powder）	养殖水体消毒；预防鱼、虾、蟹、鳖、贝、蛙等由弧菌、嗜水气单胞菌、爱德华菌等引起的出血、烂鳃、腐皮、肠炎等疾病	1. 勿用金属容器盛装 2. 缺氧水体禁用 3. 水质较清，透明度高于 30 cm 时，剂量酌减 4. 苗种剂量减半	
	次氯酸钠溶液（Sodium Hypochlorite Solution）	养殖水体、器械的消毒与杀菌；预防鱼、虾、蟹的出血、烂鳃、腹水、肠炎、疖疮、腐皮等细菌性疾病	1. 本品受环境因素影响较大，因此使用时应特别注意环境条件，在水温偏高、pH 较低、施肥前使用效果更好 2. 本品有腐蚀性，勿用金属容器盛装，会伤害皮肤 3. 养殖水体水深超过 2 m 时，按 2 m 水深计算用药 4. 包装物用后集中销毁	
	聚维酮碘溶液（Povidone Iodine Solution）	养殖水体的消毒，防治水产养殖动物由弧菌、嗜水气单胞菌、爱德华氏菌等细菌引起的细菌性疾病	1. 水体缺氧时禁用 2. 勿用金属容器盛装 3. 勿与强碱类物质及重金属物质混用 4. 冷水性鱼类慎用	
	三氯异氰脲酸粉（Trichloroisocyanuric Acid Powder）	水体、养殖场所和工具等消毒以及水产动物体表消毒等，防治鱼虾等水产动物的多种细菌性和病毒性疾病	1. 不得使用金属容器盛装，注意使用人员的防护 2. 勿与碱性药物、油脂、硫酸亚铁等混合使用 3. 根据不同的鱼类和水体的 pH，使用剂量适当增减	
	复合碘溶液（Complex Iodine Solution）	防治水产养殖动物细菌性和病毒性疾病	1. 不得与强碱或还原剂混合使用 2. 冷水鱼慎用	
	蛋氨酸碘粉（Methionine Iodine Powder）	消毒药，用于防治对虾白斑综合征	勿与维生素 C 类强还原剂同时使用	

表A.1（续）

类别	制剂与主要成分	作用与用途	注意事项	不良反应
消毒用药	高碘酸钠（Sodium Periodate Solution）	养殖水体的消毒；防治鱼、虾、蟹等水产养殖动物由弧菌、嗜水气单胞菌、爱德华氏菌等细菌引起的出血、烂鳃、腹水、肠炎、腐皮等细菌性疾病	1. 勿用金属容器盛装 2. 勿与强碱类物质及含汞类药物混用 3. 软体动物、鲑等冷水性鱼类慎用	
	苯扎溴铵溶液（Benzalkonium Bromide Solution）	养殖水体消毒，防治水产养殖动物由细菌性感染引起的出血、烂鳃、腹水、肠炎、疖疮、腐皮等细菌性疾病	1. 勿用金属容器盛装 2. 禁与阴离子表面活性剂、碘化物和过氧化物等混用 3. 软体动物、鲑等冷水性鱼类慎用 4. 水质较清的养殖水体慎用 5. 使用后注意池塘增氧 6. 包装物使用后集中销毁	
	含氯石灰（Chlorinated Lime）	水体的消毒，防治水产养殖动物由弧菌、嗜水气单胞菌、爱德华氏菌等细菌引起的细菌性疾病	1. 不得使用金属器具 2. 缺氧、浮头前后严禁使用 3. 水质较瘦、透明度高于30cm时，剂量减半 4. 苗种慎用 5. 本品杀菌作用快而强，但不持久，且受有机物的影响，在实际使用时，本品需与被消毒物至少接触15min～20min	
	石灰（Lime）	鱼池消毒、改良水质		
渔用环境改良剂	过硼酸钠（Sodium Perborate Powder）	增加水中溶氧，改善水质	1. 本品为急救药品，根据缺氧程度适当增减用量，并配合充水，增加增氧机等措施改善水质 2. 产品有轻微结块，压碎使用 3. 包装物用后集中销毁	

表 A.1（续）

类别	制剂与主要成分	作用与用途	注意事项	不良反应
渔用环境改良剂	过碳酸钠（Sodium Percarbonate）	水质改良剂，用于缓解和解除鱼、虾、蟹等水产养殖动物因缺氧引起的浮头和泛塘	1. 不得与金属、有机溶剂、还原剂等接触 2. 按浮头处水体计算药品用量 3. 视浮头程度决定用药次数 4. 发生浮头时，表示水体严重缺氧，药品加入水体后，还应采取冲水、开增氧机等措施 5. 包装物使用后集中销毁	
	过氧化钙（Calcium Peroxide Powder）	池塘增氧，防治鱼类缺氧浮头	1. 对于一些无更换水源的养殖水体，应定期使用 2. 严禁与含氯制剂、消毒剂、还原剂等混放 3. 严禁与其他化学试剂混放 4. 长途运输时常使用增氧设备，观赏鱼长途运输禁用	
	过氧化氢溶液（Hydrogen Peroxide Solution）	增加水体溶氧	本品为强氧化剂，腐蚀剂，使用时顺风向泼洒，勿将药液接触皮肤，如接触皮肤应立即用清水冲洗	

【内容解读】

附录 A 列出了预防药物，包括 A.1 国家兽药标准中列出的水产用中草药及其成药制剂和 A.2 生产 A 级绿色食品预防用化学药物及生物制品。

A 级绿色食品预防使用药物必须从附录 A 中选取，且须在具有水生动物类执业兽医的指导下用药。

（1）中草药

提倡使用《中华人民共和国兽药典》、《兽药国家标准》（化学药品、中草药卷）中规定无不良反应的中草药及其成药制剂，应由具有水生生物病害执业资质的人员进行正确诊断，处方用药。使用中应严格遵守规定的作用与用途、使用对象、作用途径、作用剂量、疗程、停药期和注意事项。

（2）化学药物及生物制品

①调节代谢或生长药物。

1）维生素C钠。维生素C钠主要功效有参与机体氧化还原过程，影响核酸的形成、铁的吸收、造血机能、解毒及免疫功能。提高受精率和孵化率，促进生长。缺乏时动物患肠炎、贫血、瘦弱、肌肉侧突、前弯、眼受损害、皮下弥漫性出血、体重下降、缺乏食欲、抵抗力下降丧失活力。用于治疗坏血病、防治Pb、Hg、As中毒，增强免疫功能，非特异性辅助用药。是农业部公告第1435号允许使用药物。综合考虑实际养殖过程中的用药需求及药效、安全性等，推荐使用维生素C钠为调节代谢或生长用药。具体使用参照农业部公告第1435号、《化学药品卷》（2010版）、2013版《兽药国家标准》（化学药品、中药卷）中说明。应在水生动物类执业兽医的指导下用药。

2）激素和促生长剂。绿色食品水产品提倡健康养殖，且要求高于安全食品，不允许水产动物养殖过程中使用任何激素类药物和促生长剂。

②疫苗。目前，我国疫苗种类很多，绿色食品水产品允许使用农业部批准用于水产的国内外疫苗。

1）草鱼出血病灭活疫苗。草鱼出血病细胞灭活疫苗主要用于预防草鱼出血病。免疫期12个月。是农业部公告第1435号允许使用药物。综合考虑实际养殖过程中的用药需求及药效、安全性等，推荐使用草鱼出血病细胞灭活疫苗。具体使用参照农业部公告第1435号、《化学药品卷》（2010版）中说明。应在水生动物类执业兽医的指导下用药。需要注意的一是切忌冻结，冻结的疫苗严禁使用；二是使用前，应先将疫苗恢复至室温，并充分摇匀；三是开瓶后，限12h内用完；四是接种时，应作局部消毒处理；五是使用过的疫苗瓶、器具和未用完的疫苗等应进行消毒处理。此外，草鱼出血病细胞灭活疫苗用于预防草鱼出血病疾病的发生，而不能用做治疗。

2）牙鲆鱼溶藻弧菌、鳗弧菌、迟缓爱德华病多联抗独特型抗体疫苗。牙鲆鱼溶藻弧菌、鳗弧菌、迟缓爱德华病多联抗独特型抗体疫苗主要用于预防牙鲆的溶藻弧菌、鳗弧菌、迟缓爱德华病。综合考虑实际养殖过程中的用药需求及药效、安全性等，推荐使用牙鲆鱼溶藻弧菌、鳗弧菌、迟缓爱德华病多联抗独特型抗体疫苗。应在水生动物类执业兽医的指导下用药。

3）鱼嗜水气单胞菌败血症灭活疫苗。鱼嗜水气单胞菌败血症灭活疫苗主要用于预防淡水鱼特别是鲤科鱼类包括鲢、鲫、鳊、鳙等嗜水气单胞菌败血症。综合考虑实际养殖过程中的用药需求及药效、安全性等，推荐使用鱼嗜水气单胞菌败血症灭活疫苗。应在水生动物类执业兽医的指导下用药。

4）鱼虹彩病毒病灭活疫苗。鱼虹彩病毒病灭活疫苗为进口疫苗，主要用于预防真鲷、鰤鱼属、拟鲹的虹彩病毒病。需要注意的一是仅用于接种健康鱼；二是本品不能与其他药物混合使用；三是对真鲷接种时，不应使用麻醉剂；四是使用麻醉剂时，应正确掌握方法和用量；五是接种前应停食至少 24h；六是接种本品时，应采用连续性注射，并采用适宜的注射深度，注射中应避免针孔堵塞；七是应使用高压蒸汽消毒或者煮沸消毒过的注射器；八是使用前充分摇匀；九是一旦开瓶，一次性用完；十是使用过的疫苗瓶、器具和未用完的疫苗等应进行消毒处理；十一是应避免冻结；十二是疫苗应储藏于冷暗处；十三是如意外将疫苗污染到人的眼、鼻、嘴中或注射到人体内时，应及时对患部采取消毒等措施。

5）鰤鱼格氏乳球菌灭活疫苗。鰤鱼格氏乳球菌灭活疫苗为进口疫苗，主要用于预防出口日本的五条鰤、杜氏鰤（高体鰤）格氏乳球菌病。

③消毒用药。

1）醛类。农业部规定水产中用于消毒用药的醛类药品为戊二醛和稀释戊二醛。戊二醛作为化学药品性质稳定，在自然环境中很难降解，也难以为环境微生物利用，考虑到养殖生态环境的可持续性，以及绿色食品少用药的高标准要求，在本标准中未将醛类列为预防水产养殖动物疾病允许使用药物。

2）卤素类。允许使用农业部规定水产中用于消毒用药的卤素类药品。

溴氯海因粉：养殖水体消毒；预防鱼、虾、蟹、鳖、贝、蛙等由弧菌、嗜水气单胞菌、爱德华氏菌等引起的出血、烂鳃、腐皮、肠炎等疾病。使用中应注意：一是勿用金属容器盛装；二是缺氧水体禁用；三是水质较清，透明度高于 30cm 时，剂量酌减；四是苗种剂量减半。

次氯酸钠溶液：养殖水体、器械的消毒与杀菌；预防鱼、虾、蟹的出血、烂鳃、腹水、肠炎、疖疮、腐皮等细菌性疾病。使用中应注意：一是本品受环境因素影响较大，因此使用时应特别注意环境条件，在水温偏高、pH 较低、施肥前使用效果更好；二是本品有腐蚀性，勿用金属容器盛装，以免伤害皮肤；三是养殖水体水深超过 2m 时，按 2m 水深计算用药；四是包装物用后集中销毁。

聚维酮碘溶液：养殖水体的消毒，防治水产养殖动物由弧菌、嗜水气单胞菌、爱德华氏菌等细菌引起的细菌性疾病。使用中应注意：一是水体

缺氧时禁用；二是勿用金属容器盛装；三是勿与强碱类物质及重金属物质混用；四是冷水性鱼类慎用。

三氯异氰脲酸粉：水体、养殖场所和工具等消毒以及水产动物体表消毒等，防治鱼虾等水产养殖动物的多种细菌性和病毒性疾病的作用。需要注意的一是不得使用金属容器盛装，注意使用人员的防护；二是勿与碱性药物、油脂、硫酸亚铁等混合使用；三是根据不同的鱼类和水体的 pH，使用剂量适当增减。

复合碘溶液：防治水产养殖动物细菌性和病毒性疾病。需要注意的一是不得与强碱或还原剂混合使用；二是冷水鱼慎用。

蛋氨酸碘粉：消毒药，用于防治对虾白斑综合征。需要注意的是：勿与维生素 C 类强还原剂同时使用。

高碘酸钠：养殖水体的消毒；防治鱼、虾、蟹等水产养殖动物由弧菌、嗜水气单胞菌、爱德华氏菌等细菌引起的出血、烂鳃、腹水、肠炎、腐皮等细菌性疾病。需要注意的一是勿用金属容器盛装；二是勿与强碱类物质及含汞类药物混用；三是软体动物、鲑等冷水性鱼类慎用。

含氯石灰：水体的消毒；防治水产养殖动物由弧菌、嗜水气单胞菌、爱德华氏菌等细菌引起的细菌性疾病。需要注意的一是不得使用金属器具；二是缺氧、浮头前后严禁使用；三是水质较瘦、透明度高于 30 cm 时，剂量减半；四是苗种慎用；五是本品杀菌作用快而强，但不持久，且受有机物的影响，在实际使用时，本品需与被消毒物至少接触 15～20min。

3）石灰。鱼池消毒、改良水质。

4）季铵盐类。允许使用农业部规定水产中用于消毒用药的季铵盐类药品。苯扎溴铵溶液：养殖水体消毒；防治水产养殖动物由细菌性感染引起的出血、烂鳃、腹水、肠炎、疖疮、腐皮等细菌性疾病。需要注意的一是勿用金属容器盛装；二是禁与阴离子表面活性剂、碘化物和过氧化物等混用；三是软体动物、鲑等冷水性鱼类慎用；四是水质较清的养殖水体慎用；五是使用后注意池塘增氧；六是包装物使用后集中销毁。

④渔用环境改良剂。

1）允许使用的渔用环境改良剂。允许使用农业部规定水产中用于渔用环境改良剂的过硼酸钠、过碳酸钠、过氧化钙、过氧化氢溶液。

过硼酸钠：增加水中溶氧，改善水质。需要注意的一是本品为急救药品，根据缺氧程度适当增减用量，并配合充水，增加增氧机等措施改善水质；二是产品有轻微结块，压碎使用；三是包装物用后集中销毁。

过碳酸钠：水质改良剂，用于缓解和解除鱼、虾、蟹等水产养殖动物因缺氧引起的浮头和泛塘。需要注意的一是不得与金属、有机溶剂、还原剂等接触；二是按浮头处水体计算药品用量；三是视浮头程度决定用药次数；四是发生浮头时，表示水体严重缺氧，药品加入水体后，还应采取冲水、开增氧机等措施；五是包装物使用后集中销毁。

过氧化钙：池塘增氧，防治鱼类缺氧浮头。需要注意的一是对于一些无更换水源的养殖水体，应定期使用；二是严禁与含氯制剂、消毒剂、还原剂等混放；三是严禁与其他化学试剂混放；四是长途运输时常使用增氧设备，观赏鱼长途运输禁用。

过氧化氢溶液：增加水体溶氧。需要注意的一是本品为强氧化剂、腐蚀剂，使用时顺风向泼洒，勿将药液接触皮肤，如接触皮肤应立即用清水冲洗。

2）不允许使用的渔用环境改良剂。

硫代硫酸钠粉：由于用在海水中会引起水体浑浊或者变黑，考虑到绿色食品水产品健康生态养殖的理念，不适合作为绿色食品渔药中允许使用的渔用环境改良剂。

硫酸铝钾粉：由于近年来，水体养殖环境中铝的含量较高，且导致了部分水产动植物中铝含量偏高，考虑到水产品质量安全的需求，结合实际生产情况，不将硫酸铝钾粉作为绿色食品渔药中允许使用的渔用环境改良剂。

【实际操作】

标准中表 A.1 主要列出了 4 类预防药物，具体内容如下。

（1）调节代谢或生长药物

维生素 C 钠。具体使用参照农业部公告第 1435 号、《化学药品卷》（2010 版）、2013 版《兽药国家标准》（化学药品、中药卷）中说明。应在水生动物类执业兽医的指导下用药。

参考使用方法：拌饲投喂。每次每千克体重用本品 450mg，1 日 2 次。即日投饵量以 3% 计，每千克饲料用本品 15g。

注意事项：第一，勿与维生素 B_{12}、维生素 K_3 合用，以免氧化失效；第二，勿与含铜、锌离子的药物混合使用。

（2）疫苗

①草鱼出血病灭活疫苗。草鱼出血病灭活疫苗是农业部公告第 1435 号允许使用的药物。具体使用参照农业部公告第 1435 号、《化学药品卷》

（2010版）及《水产养殖用药指南》（中国水产技术推广总站）中说明。应在水生动物类执业兽医的指导下用药。

参考使用方法：浸泡法。体长3cm左右草鱼采用尼龙袋充氧浸泡法。浸泡时疫苗浓度为0.5％，并在每升浸泡液中加入10mg莨菪，充氧浸泡3h。注射法。体长10cm左右草鱼采用注射法。先将疫苗用生理盐水稀释10倍，肌肉或腹腔注射，每尾0.2～0.5mL。

注意事项：第一，切忌冻结，冻结的疫苗严禁使用；第二，使用前，应先使疫苗恢复至室温，并充分摇匀；第三，开瓶后，限12h内用完；第四，接种时，应作局部消毒处理；第五，使用过的疫苗瓶、器具和未用完的疫苗等应进行消毒处理。

②牙鲆鱼溶藻弧菌、鳗弧菌、迟缓爱德华病多联抗独特型抗体疫苗。牙鲆鱼溶藻弧菌、鳗弧菌、迟缓爱德华病多联抗独特型抗体疫苗具体使用参照农业部公告第1435号、《化学药品卷》（2010版）及《水产养殖用药指南》（中国水产技术推广总站）中说明。应在水生动物类执业兽医的指导下用药。

参考使用方法：注射免疫法。生理盐水将瓶内疫苗稀释到25mL，再将25mL弗氏不完全佐剂与之混合，用1mL注射器接种体重5～7g，4～5月龄的幼鱼，每尾腹腔注射50μL，含疫苗量3.75μg。浸泡免疫法。用生理盐水将3瓶疫苗混合溶解，导入装有90L海水容器内充分搅匀，将体重5～7g，4～5月龄的幼鱼1 000尾，分2～3批放入其中浸泡，每批浸泡30min，如一次浸泡不完，可分几批浸泡，每尾鱼的疫苗量为11.25μg。

注意事项：第一，本品仅用于接种健康鱼；第二，接种、浸泡前应停食至少24h，浸泡时向海水内充气；第三，注射型疫苗使用时应将疫苗与等量的弗氏不完全佐剂充分混合。浸泡型疫苗倒入海水后也要充分搅拌，使疫苗均匀分布于海水中；第四，弗氏不完全佐剂在2～8℃储藏，疫苗开封后，应限当日用完；第五，注射接种时，应尽量避免操作对鱼造成的损伤；第六，接种疫苗时，应使用1mL的一次性注射器，注射中应注意避免针孔堵塞；第七，浸泡的海水温度以15～20℃为宜；第八，使用过的疫苗瓶、器具和未用完的疫苗等应进行消毒处理。

③鱼嗜水气单胞菌败血症灭活疫苗。鱼嗜水气单胞菌败血症灭活疫苗主要用于预防淡水鱼特别是鲤科鱼类包括鲢、鲫、鳊、鳙等嗜水气单胞菌败血症。免疫期为6个月。具体使用参照农业部公告第1435号、《化学药品卷》（2010版）及《水产养殖用药指南》（中国水产技术推广总站）中

说明。应在水生动物类执业兽医的指导下用药。

参考使用方法：浸泡法。取疫苗 1mL 以清洁自来水稀释 100 倍后，分批浸泡 100kg 鱼种，每批浸泡 15min，同时增氧。注射法。取疫苗，以灭菌注射水稀释 100 倍，每尾鱼腹腔注射 1mL。

注意事项：第一，切忌冻结，冻结的疫苗严禁使用，疫苗稀释后，限当日用完；第二，使用前，应先使疫苗恢复至室温，并充分摇匀；第三，接种时，应作局部消毒处理；第四，使用过的疫苗瓶、器具和未用完的疫苗等应进行消毒处理。

④鱼虹彩病毒病灭活疫苗。鱼虹彩病毒病灭活疫苗为进口疫苗。鱼虹彩病毒病灭活疫苗主要用于预防真鲷、鰤鱼属、拟鲹的虹彩病毒病。具体使用参照农业部公告第 1435 号、《化学药品卷》（2010 版）及《水产养殖用药指南》（中国水产技术推广总站）中说明。应在水生动物类执业兽医的指导下用药。

参考使用方法：真鲷（体重 5～20g）腹腔（自鱼体腹鳍至肛门下腹部）或肌肉（鱼体侧线的微上方至背鳍中央正下方的肌肉）注射，每尾注射 0.1mL。鰤鱼属（体重 10～100g）麻醉处理后，腹腔（将腹鳍贴紧与体侧时接触腹鳍尖端部位的体侧轴心线上）注射，每尾注射 0.1mL。拟鲹（体重 10～70g）麻醉处理后，腹腔（自鱼体腹鳍至肛门下腹部）注射，每尾注射 0.1mL。

注意事项：第一，仅用于接种健康鱼；第二，本品不能与其他药物混合使用；第三，对真鲷接种时，不应使用麻醉剂；第四，使用麻醉剂时，应正确掌握方法和用量；第五，接种前应停食至少 24h；第六，接种本品时，应采用连续性注射，并采用适宜的注射深度，注射中应避免针孔堵塞；第七，应使用高压蒸汽消毒或者煮沸消毒过的注射器；第八，使用前充分摇匀；第九，一旦开瓶，一次性用完；第十，使用过的疫苗瓶、器具和未用完的疫苗等应进行消毒处理；第十一，应避免冻结；第十二，疫苗应储藏于冷暗处；第十三，如意外将疫苗污染到人的眼、鼻、嘴中或注射到人体内时，应及时对患部采取消毒等措施。

⑤鰤鱼格氏乳球菌灭活疫苗（BY1 株）。鰤鱼格氏乳球菌灭活疫苗（BY1 株）主要用于预防五条鰤、杜氏鰤（高体鰤）格氏乳球菌病。是农业部公告第 1435 号允许使用药物。综合考虑实际养殖过程中的用药需求及药效、安全性等，推荐使用鰤鱼格氏乳球菌灭活疫苗（BY1 株）为调节代谢或生长用药。具体使用参照农业部公告第 1435 号、《化学药品卷》（2010 版）及《水产养殖用药指南》（中国水产技术推广总站）中说明。

应在水生动物类执业兽医的指导下用药。

参考使用方法：将体重 30～300g 的五条鰤、杜氏鰤麻醉，再用连续注射器对鱼体进行腹腔接种疫苗，一次注射量每尾 0.1mL。

注意事项：第一，营养不良、患病或疑似患病的靶动物不可注射，正在使用其他药物或停药 4d 内的靶动物不可注射；第二，靶动物需经 7d 驯化并停止喂食 24h 以上，方能注射疫苗，注射 7d 内应避免运输；第三，本疫苗在 20℃ 以上的水温中使用；第四，本品使用前和使用过程中注意摇匀；第五，注射器具，应经高压蒸汽灭菌或煮沸等方法消毒后使用，推荐使用连续注射器；第六，使用麻醉剂时，遵守麻醉剂用量；第七，本品不与其他药物混合使用；第八，疫苗一旦开启，尽快使用；第九，妥善处理使用后的残留疫苗、空瓶和针头等；第十，避光、避热、避冻结；第十一，使用过的疫苗瓶、器具和未用完的疫苗等应进行消毒处理。

（3）消毒用药

①溴氯海因粉。用于养殖水体消毒；预防鱼、虾、蟹、鳖、贝、蛙等由弧菌、嗜水气单胞菌、爱德华菌等引起的出血、烂鳃、腐皮、肠炎等疾病。具体使用参照农业部公告第 1435 号、《化学药品卷》（2010 版）及《水产养殖用药指南》（中国水产技术推广总站）中说明。应在水生动物类执业兽医的指导下用药。

参考使用方法：一次量每 $1m^3$ 水体 0.03～0.04g（以溴氯海因计），每 15d 1 次。

注意事项：第一，勿用金属容器盛装；第二，缺氧水体禁用；第三，水质较清，透明度高于 30cm 时，剂量酌减；第四，苗种剂量减半。

②次氯酸钠溶液。用于养殖水体、器械的消毒与杀菌；预防鱼、虾、蟹的出血、烂鳃、腹水、肠炎、疖疮、腐皮等细菌性疾病。具体使用参照农业部公告第 1435 号、《化学药品卷》（2010 版）及《水产养殖用药指南》（中国水产技术推广总站）中说明。应在水生动物类执业兽医的指导下用药。

参考使用方法：以次氯酸钠计，用水稀释 300～500 倍后，全池喷洒，每 $1m^3$ 水体用本品 1～1.5mL，每隔 15d 1 次。

注意事项：第一，本品受环境因素影响较大，因此使用时应特别注意环境条件，在水温偏高、pH 较低、施肥前使用效果更好；第二，本品有腐蚀性，勿用金属容器盛装，会伤害皮肤；第三，养殖水体水深超过 2m 时，按 2m 水深计算用药；第四，包装物用后集中销毁。

③聚维酮碘。用于养殖水体的消毒，防治水产养殖动物由弧菌、嗜水

气单胞菌、爱德华氏菌等细菌引起的细菌性疾病。具体使用参照农业部公告第 1435 号、《化学药品卷》（2010 版）及《水产养殖用药指南》（中国水产技术推广总站）中说明。应在水生动物类执业兽医的指导下用药。

参考使用方法：用水稀释 300～500 倍全池均匀泼洒。以有效碘计，每次每 1m³ 水体：4.5～7.5mg，隔 7d 1 次。同时，建议停药期为 500 度日。

注意事项：第一，水体缺氧时禁用；第二，勿用金属容器盛装；第三，勿与强碱类物质及重金属物质混用；第四，冷水性鱼类慎用。

④三氯异氰脲酸粉。用于水体、养殖场所和工具等消毒以及水产动物体表消毒等，防治鱼虾等水产动物的多种细菌性和病毒性疾病。具体使用参照农业部公告第 1435 号、《化学药品卷》（2010 版）及《水产养殖用药指南》（中国水产技术推广总站）中说明。应在水生动物类执业兽医的指导下用药。

参考使用方法：以有效氯计，用水稀释 1 000～3 000 倍后全池均匀泼洒。以有效氯计，每次每 1m³ 水体：0.090～0.135g，1d 1 次，连用 1～2 次。同时，建议停药期为 500 度日。

注意事项：第一，不得使用金属容器盛装，注意使用人员的防护；第二，勿与碱性药物、油脂、硫酸亚铁等混合使用；第三，根据不同的鱼类和水体的 pH，使用剂量适当增减。

⑤复合碘溶液。用于防治水产养殖动物细菌性和病毒性疾病。具体使用参照农业部公告第 1435 号、《化学药品卷》（2010 版）及《水产养殖用药指南》（中国水产技术推广总站）中说明。应在水生动物类执业兽医的指导下用药。

参考使用方法：全池泼洒，一次量每 1m³ 水体 0.1mL。

注意事项：第一，不得与强碱或还原剂混合使用；第二，冷水鱼慎用。

⑥蛋氨酸碘粉。消毒药，用于防治对虾白斑综合征。具体使用参照农业部公告第 1435 号、《化学药品卷》（2010 版）及《水产养殖用药指南》（中国水产技术推广总站）中说明。应在水生动物类执业兽医的指导下用药。

参考使用方法：以蛋氨酸碘计，拌饵投喂对虾，每 1 000kg 饲料用本品 100～200g，每日 1～2 次，2～3d 一疗程。

注意事项：勿与维生素 C 类强还原剂同时使用。

⑦高碘酸钠。用于养殖水体的消毒；防治鱼、虾、蟹等水产养殖动物由弧菌、嗜水气单胞菌、爱德华氏菌等细菌引起的出血、烂鳃、腹水、肠

炎、腐皮等细菌性疾病。具体使用参照农业部公告第 1435 号、《化学药品卷》（2010 版）及《水产养殖用药指南》（中国水产技术推广总站）中说明。应在水生动物类执业兽医的指导下用药。

参考使用方法：用水稀释 300～500 倍全池均匀泼洒。以高碘酸钠计，每次每 1m³ 水体：15～20mg，每 15d 1 次。同时，建议停药期为 500 度日。

注意事项：第一，勿用金属容器盛装；第二，勿与强碱类物质及含汞类药物混用；第三，软体动物、鲑等冷水性鱼类慎用。

⑧苯扎溴铵溶液。用于养殖水体消毒，防治水产养殖动物由细菌性感染引起的出血、烂鳃、腹水、肠炎、疖疮、腐皮等细菌性疾病。具体使用参照农业部公告第 1435 号、《化学药品卷》（2010 版）及《水产养殖用药指南》（中国水产技术推广总站）中说明。应在水生动物类执业兽医的指导下用药。

参考使用方法：将本品用水稀释 300～500 倍（5％浓度）或 600～1 000 倍（10％浓度）或 1 200～2 000 倍（20％浓度）后，全池泼洒。一次量每 1m³ 水体用本品 0.10～0.15g，每隔 15d 用 1 次，连用 2～3 次。

注意事项：第一，勿用金属容器盛装；第二，禁与阴离子表面活性剂、碘化物和过氧化物等混用；第三，软体动物、鲑等冷水性鱼类慎用；第四，水质较清的养殖水体慎用；第五，使用后注意池塘增氧；第六，包装物使用后集中销毁。

⑨含氯石灰。用于水体的消毒，防治水产养殖动物由弧菌、嗜水气单胞菌、爱德华氏菌等细菌引起的细菌性疾病。

注意事项：第一，不得使用金属器具；第二，缺氧、浮头前后严禁使用；第三，水质较瘦、透明度高于 30cm 时，剂量减半；第四，苗种慎用；第五，本品杀菌作用快而强，但不持久，且受有机物的影响，在实际使用时，本品需与被消毒物至少接触 15～20min。

⑩石灰。用于鱼池消毒、改良水质。

（4）渔用环境改良剂

①过硼酸钠。增加水中溶氧，改善水质。具体使用参照农业部公告第 1435 号、《化学药品卷》（2010 版）及《水产养殖用药指南》（中国水产技术推广总站）中说明。应在水生动物类执业兽医的指导下用药。

参考使用方法：主药过硼酸钠 650g，辅药沸石粉 350g，主、辅药比例 2：1 称取，水产动物浮头汇集处撒泼，每 1m³ 水体用本品 0.4g。

注意事项：第一，本品为急救药品，根据缺氧程度适当增减用量，并配合充水，增加增氧机等措施改善水质；第二，产品有轻微结块，压碎使用；第三，包装物用后集中销毁。

②过碳酸钠。水质改良剂，用于缓解和解除鱼、虾、蟹等水产养殖动物因缺氧引起的浮头和泛塘。具体使用参照农业部公告第 1435 号、《化学药品卷》（2010 版）及《水产养殖用药指南》（中国水产技术推广总站）中说明。应在水生动物类执业兽医的指导下用药。

参考使用方法：水产动物浮头汇集处撒泼，每 $1m^3$ 水体用本品 $1.0\sim$ 1.5g。

注意事项：第一，不得与金属、有机溶剂、还原剂等接触；第二，按浮头处水体计算药品用量；第三，视浮头程度决定用药次数；第四，发生浮头时，表示水体严重缺氧，药品加入水体后，还应采取冲水、开增氧机等措施；第五，包装物使用后集中销毁。

③过氧化钙。池塘增氧，防治鱼类缺氧浮头。具体使用参照农业部公告第 1435 号、《化学药品卷》（2010 版）及《水产养殖用药指南》（中国水产技术推广总站）中说明。应在水生动物类执业兽医的指导下用药。

参考使用方法：全池撒泼，每 $1m^3$ 水体用本品 $0.4\sim0.8g$。

注意事项：第一，对于一些无更换水源的养殖水体，应定期使用；第二，严禁与含氯制剂、消毒剂、还原剂等混放；第三，严禁与其他化学试剂混放；第四，长途运输时常使用增氧设备，观赏鱼长途运输禁用。

④过氧化氢溶液。增加水体溶氧。具体使用参照农业部公告第 1435 号、《化学药品卷》（2010 版）及《水产养殖用药指南》（中国水产技术推广总站）中说明。应在水生动物类执业兽医的指导下用药。

参考使用方法：稀释至少 100 倍后全池撒泼，每 $1m^3$ 水体用本品 $0.3\sim0.4mL$。

注意事项：本品为强氧化剂，腐蚀剂，使用时顺风向泼洒，勿将药液接触皮肤，如接触皮肤应立即用清水冲洗。

【标准原文】

6.3 治疗用药见附录 B。

附　录　B

（规范性附录）

A 级绿色食品治疗水生生物疾病药物

B.1 国家兽药标准中列出的水产用中草药及其成药制剂

见《兽药国家标准化学药品、中药卷》。

B.2　生产 A 级绿色食品治疗用化学药物

见表 B.1。

表 B.1　生产 A 级绿色食品治疗用化学药物目录

类别	制剂与主要成分	作用与用途	注意事项	不良反应
抗微生物药物	盐酸多西环素粉（Doxycycline Hyclate Powder）	治疗鱼类由弧菌、嗜水气单胞菌、爱德华菌等细菌引起的细菌性疾病	1. 均匀拌饵投喂 2. 包装物用后集中销毁	长期应用可引起二重感染和肝脏损害
	氟苯尼考粉（Florfenicol Powder）	防治淡、海水养殖鱼类由细菌引起的败血症、溃疡、肠道病、烂鳃病，以及虾红体病、蟹腹水病	1. 混拌后的药饵不宜久置 2. 不宜高剂量长期使用	高剂量长期使用对造血系统具有可逆性抑制作用
	氟苯尼考粉预混剂（50%）（Florfenicol Premix-50）	治疗嗜水气单胞菌、副溶血弧菌、溶藻弧菌、链球菌等引起的感染，如鱼类细菌性败血症、溶血性腹水病、肠炎、赤皮病等，也可治疗虾、蟹类弧菌病、罗非鱼链球菌病等	1. 预混剂需先用食用油混合，之后再与饲料混合，为确保均匀，本品须先与少量饲料混匀，再与剩余饲料混匀 2. 使用后须用肥皂和清水彻底洗净饲料所用的设备	高剂量长期使用对造血系统具有可逆性抑制作用
	氟苯尼考粉注射液（Florfenicol Injection）	治疗鱼类敏感菌所致疾病		
	硫酸锌霉素（Neomycin Sulfate Powder）	用于治疗鱼、虾、蟹等水产动物由气单胞菌、爱德华氏菌及弧菌引起的肠道疾病		
驱杀虫药物	硫酸锌粉（Zinc Sulfate Powder）	杀灭或驱除河蟹、虾类等水生动物的固着类纤毛虫	1. 禁用于鳗鲡 2. 虾蟹幼苗期及脱壳期中期慎用 3. 高温低压气候注意增氧	
	硫酸锌三氯异氰脲酸粉（Zinc sulfate and Trichloroisocyanuric Powder）	杀灭或驱除河蟹、虾类等水生动物的固着类纤毛虫	1. 禁用于鳗鲡 2. 虾蟹幼苗期及脱壳期中期慎用 3. 高温低压气候注意增氧	

表 B.1（续）

类别	制剂与主要成分	作用与用途	注意事项	不良反应
驱杀虫药物	盐酸氯苯胍粉（Robenidinum Hydrochloride Powder）	鱼类孢子虫病	1. 搅拌均匀，严格按照推荐剂量使用 2. 斑点叉尾鮰慎用	
	阿苯达唑粉（Albendazole Powder）	治疗海水鱼类线虫病和由双鳞盘吸虫、贝尼登虫等引起的寄生虫病；淡水养殖鱼类由指环虫、三代虫以及黏孢子虫等引起的寄生虫病		
	地克珠利预混剂（Diclazuril Premix）	防治鲤科鱼类黏孢子虫、碘泡虫、尾孢虫、四级虫、单级虫等孢子虫病		
消毒用药	聚维酮碘溶液（Povidone Iodine Solution）	养殖水体的消毒，防治水产养殖动物由弧菌、嗜水气单胞菌、爱德华氏菌等细菌引起的细菌性疾病	1. 水体缺氧时禁用 2. 勿用金属容器盛装 3. 勿与强碱类物质及重金属物质混用 4. 冷水性鱼类慎用	
	三氯异氰脲酸粉（Trichloroisocyanuric Acid Powder）	水体、养殖场所和工具等消毒以及水产动物体表消毒等，防治鱼虾等水产动物的多种细菌性和病毒性疾病的作用	1. 不得使用金属容器盛装，注意使用人员的防护 2. 勿与碱性药物、油脂、硫酸亚铁等混合使用 3. 根据不同的鱼类和水体的 pH，使用剂量适当增减	
	复合碘溶液（Complex Iodine Solution）	防治水产养殖动物细菌性和病毒性疾病	1. 不得与强碱或还原剂混合使用 2. 冷水鱼慎用	
	蛋氨酸碘粉（Methionine Iodine Powder）	消毒药，用于防治对虾白斑综合征	勿与维生素 C 类强还原剂同时使用	

表 B.1（续）

类别	制剂与主要成分	作用与用途	注意事项	不良反应
消毒用药	高碘酸钠（Sodium Periodate Solution）	养殖水体的消毒；防治鱼、虾、蟹等水产养殖动物由弧菌、嗜水气单胞菌、爱德华氏菌等细菌引起的出血、烂鳃、腹水、肠炎、腐皮等细菌性疾病	1. 勿用金属容器盛装 2. 勿与强碱类物质及含汞类药物混用 3. 软体动物、鲑等冷水性鱼类慎用	
	苯扎溴铵溶液（Benzalkonium Bromide Solution）	养殖水体消毒，防治水产养殖动物由细菌性感染引起的出血、烂鳃、腹水、肠炎、疖疮、腐皮等细菌性疾病	1. 勿用金属容器盛装 2. 禁与阴离子表面活性剂、碘化物和过氧化物等混用 3. 软体动物、鲑等冷水性鱼类慎用 4. 水质较清的养殖水体慎用 5. 使用后注意池塘增氧 6. 包装物使用后集中销毁	

【内容解读】

附录 B 列出了治疗药物，包括 B.1 国家兽药标准中列出的水产用中草药及其成药制剂和 B.2 生产 A 级绿色食品治疗用化学药物。

A 级绿色食品治疗使用药物必须从附录 B 中选取，且须在具有水生动物类执业兽医的指导下用药。

（1）中草药

中草药部分解读同附录 A 中用药。

（2）化学药物

①抗微生物药物。

1）氨基糖苷类。允许使用农业部规定水产中用于抗微生物的药物硫酸锌霉素。硫酸锌霉素用于治疗鱼、虾、蟹等水产动物由气单胞菌、爱德华氏菌及弧菌引起的肠道疾病。

2）四环素类。允许使用农业部规定水产中用于抗微生物的药物盐酸多西环素，标准送审稿中允许在水生生物病害执业资质的人员指导下使用土霉素，但在标准评审会中，与会专家认为农业部允许水产使用药物中没有土霉素，且绿色食品本身具有高品质的要求，建议从治疗水产养殖动物疾病列表中删除土霉素。

盐酸多西环素。治疗鱼类由弧菌、嗜水气单胞菌、爱德华菌等细菌引起的细菌性疾病。需要注意的一是均匀拌饵投喂；二是包装物用后集中销毁。

土霉素。广谱类抗生素，防治鱼类的细菌性疾病如肠炎病、烂鳃病、竖鳞病、烂鳍病、赤皮病、细菌性败血症等、海水鱼类弧菌病、龟鳖类及甲壳类的细菌性疾病等。四环素类抗生素为广谱抑菌剂，高浓度时具杀菌作用。除了常见的革兰氏阳性菌、革兰氏阴性菌以及厌氧菌外，多数立克次氏体属、支原体属、衣原体属、非典型分枝杆菌属、螺旋体也对该品敏感。但土霉素会刺激肠道、损害肾脏、引起变态反应，且对血液系统、中枢系统等具有负面影响，已被多个标准限制使用。

3）酰胺醇类。农业部允许水产使用的酰胺醇类药物为甲砜霉素和氟苯尼考。这类抗生素长期使用可造成造血系统不可逆性抑制，考虑到实际生产的需要及甲砜霉素代谢时间长等因素，本标准中允许使用氟苯尼考。

氟苯尼考。主要用于治疗淡、海水养殖鱼类由细菌引起的败血症、溃疡、肠道病、烂鳃病，以及虾红体病、蟹腹水病。通过抑制肽酰基转移酶活性而产生广谱抑菌作用，抗菌谱广，包括各种革兰氏阳性、阴性菌和支原体等。敏感菌包括牛、猪的嗜血杆菌、痢疾志贺氏菌、沙门氏菌、大肠杆菌、肺炎球菌、流感杆菌、链球菌、金黄色葡萄球菌、衣原体、钩端螺旋体、立克次氏体等。氟苯尼考应用于水产养殖，用于治疗黄尾鱼的假核性巴氏杆菌病及链球菌病、自然爆发的大西洋鲑病效果显著。具体使用参照《化学药品卷》（2010 版）、2013 版《兽药国家标准》（化学药品、中药卷）中说明。应在水生动物类执业兽医的指导下用药。

4）磺胺类：磺胺类药物，临床中易造成过敏反应、影响血液系统，同时影响甲状腺功能等，孕妇及新生儿已禁用。磺胺类药物在多个出口国家（如日本等）及多个标准中，包括绿色食品标准《绿色食品 鱼》、《绿色食品 虾》、《绿色食品 蟹》等，已经被列入禁用药物名单，因此，本标准不允许绿色食品渔药中使用磺胺类药物。

5）喹诺酮类。喹诺酮类药物，会严重伤害中枢神经系统，影响软骨发育，具有致畸性。喹诺酮类药物在多个标准中，包括绿色食品标准《绿色食品 鱼》、《绿色食品 虾》、《绿色食品 蟹》等，已经被列入了禁用药物名单，因此，本标准不允许绿色食品渔药中使用喹诺酮类药物。

②驱杀虫药物。

1）允许使用药物。

硫酸锌：主要用于河蟹、虾类等的固着类纤毛虫病，是农业部公告第1435号允许使用药物。综合考虑实际养殖过程中的用药需求及药效、安全性等，允许使用硫酸锌作为驱虫用药。具体使用参照《化学药品卷》（2010版）、2013版《兽药国家标准》（化学药品、中药卷）中说明。需要注明的是，硫酸锌禁用于鳗鲡；虾蟹幼苗期及脱壳期慎用；高温低压气候注意增氧。

硫酸锌三氯异氰脲酸：主要用于治疗河蟹、虾类等水生动物的固着类纤毛虫病，具体使用参照《化学药品卷》（2010版）、2013版《兽药国家标准》（化学药品、中药卷）中说明。

盐酸氯苯胍：主要用于治疗鱼类孢子虫病。是农业部公告第1435号允许使用药物。综合考虑实际养殖过程中的用药需求及药效、安全性等，允许使用盐酸氯苯胍作为驱虫用药。

阿苯达唑：主要用于治疗海水鱼类线虫病和由双鳞盘吸虫、贝尼登虫等引起的寄生虫病；淡水养殖鱼类由指环虫、三代虫以及黏孢子虫等引起的寄生虫病。是农业部公告第1435号允许使用药物。综合考虑实际养殖过程中的用药需求及药效、安全性等，允许使用阿苯达唑为驱虫用药。

地克珠利：主要防治鲤科鱼类黏孢子虫、碘泡虫、尾孢虫、四级虫、单级虫等孢子虫病。

2）不允许使用药物。

甲苯咪唑：在动物试验中有致畸性作用，临床中孕妇禁用，考虑到绿色食品优质安全的定位需求，本标准不允许绿色食品渔药中使用甲苯咪唑。

硫酸铜硫酸亚铁：由于近年来，水体养殖环境中铜的含量较高，且导致了部分水产动植物中铜含量偏高，考虑到水产品质量安全的需求，结合实际生产情况，不将硫酸铜硫酸亚铁作为绿色食品渔药中允许使用的驱虫药品。

③消毒用药。

1）聚维酮碘。聚维酮碘主要用于治疗水产养殖动物由弧菌、嗜水气单胞菌、爱德华氏菌等引起的出血、烂鳃、疖疮等疾病。是农业部公告第1435号允许使用药物。综合考虑实际养殖过程中的用药需求及药效、安全性等，允许使用聚维酮碘为消毒用药。具体使用参照农业部公告第1435号、《化学药品卷》（2010版）、2013版《兽药国家标准》（化学药品、中药卷）中说明。应由具有水生生物病害执业资质的人员进行正确诊断，处方用药。用水稀释 300～500 倍后，全池均匀泼洒。以有效碘计，每次每 1m³ 水体：4.5～7.5mg，隔日 1 次，连用 2～3 次。

2）三氯异氰脲酸。三氯异氰脲酸主要用于治疗多种细菌性疾病、清塘消毒。是农业部公告第 1435 号允许使用药物。综合考虑实际养殖过程中的用药需求及药效、安全性等，允许使用三氯异氰脲酸作为消毒用药。具体使用参照农业部公告第 1435 号、《化学药品卷》（2010 版）、2013 版《兽药国家标准》（化学药品、中药卷）中说明。应由具有水生生物病害执业资质的人员进行正确诊断，处方用药。用水稀释 1 000～3 000 倍后，全池均匀泼洒。以有效氯计，每次每 1m³ 水体：0.090～0.135g，1d 1 次，连用 1～2 次。

3）高碘酸钠。高碘酸钠主要用于防治鱼、虾、蟹等水产养殖动物由弧菌、嗜水气单胞菌、爱德华氏菌等细菌引起的出血、烂鳃、腹水、肠炎、疖疮、腐皮等细菌性疾病。是农业部公告第 1435 号允许使用药物。综合考虑实际养殖过程中的用药需求及药效、安全性等，允许使用高碘酸钠作为消毒用药。具体使用参照农业部公告第 1435 号、《化学药品卷》（2010 版）、2013 版《兽药国家标准》（化学药品、中药卷）中说明。需要注明的是，勿与强碱类物质及含汞类药物混用；软体动物、鲑等冷水性鱼类慎用。

4）复合碘溶液。用于防治水产养殖动物细菌性和病毒性疾病。需要注意的一是不得与强碱或还原剂混合使用；二是冷水鱼慎用。

5）蛋氨酸碘粉。消毒药，用于防治对虾白斑综合征。需要注意的是：勿与维生素 C 类强还原剂同时使用。

6）苯扎溴铵溶液。养殖水体消毒，防治水产养殖动物由细菌性感染引起的出血、烂鳃、腹水、肠炎、疖疮、腐皮等细菌性疾病。需要注意的一是勿用金属容器盛装；二是禁与阴离子表面活性剂、碘化物和过氧化物等混用；三是软体动物、鲑等冷水性鱼类慎用；四是水质较清的养殖水体慎用；五是使用后注意池塘增氧；六是包装物使用后集中销毁。

【实际操作】

具体按如下方法使用。

（1）抗微生物药物

①盐酸多西环素粉。盐酸多西环素是四环素类抗生素，主要用于治疗鱼类由弧菌、嗜水气单胞菌、爱德华氏菌等细菌引起的细菌性疾病，效果显著。是农业部公告第 1435 号允许使用药物。四环素类抗生素为广谱抑

菌剂，高浓度时具杀菌作用。除了常见的革兰氏阳性菌、革兰氏阴性菌以及厌氧菌外，多数立克次氏体属、支原体属、衣原体属、非典型分枝杆菌属、螺旋体也对该品敏感。但四环素类抗生素会刺激肠道、损害肾脏、引起变态反应，且对血液系统、中枢系统等具有负面影响，已被多个标准禁止使用。综合考虑实际养殖过程中的用药需求及药效、安全性等，允许使用盐酸多西环素作为抗微生物用药。具体使用参照《化学药品卷》（2010版）及《水产养殖用药指南》（中国水产技术推广总站）中说明。应在水生动物类执业兽医的指导下用药。

参考使用方法：以盐酸多西环素粉为例，100g：2g（200万单位）：拌饵投喂（以多西环素计）。鱼：20mg/（kg·次），即每1kg鱼体重用本品1g（按5％投饵量计，每1kg饲料用本品20.0g）。每日1次，连用3～5d。100g：5g（500万单位）：拌饵投喂（以多西环素计）。鱼：20mg/（kg·次），即每1kg鱼体重用本品0.4g（按5％投饵量计，每1kg饲料用本品8.0g）。每日1次，连用3～5d。100g：10g（1000万单位）：拌饵投喂（以多西环素计）。鱼：20mg/（kg·次），即每1kg鱼体重用本品0.2g（按5％投饵量计，每1kg饲料用本品4.0g）。1d1次，连用3～5d。同时，建议停药期为750度日。

注意事项：一是均匀拌饵投喂；二是包装物用后集中销毁。

不良反应：长期应用可引起二重感染和肝脏损害。

②氟苯尼考粉。氟苯尼考是氯霉素类抗生素。主要用于治疗淡、海水养殖鱼类由细菌引起的败血症、溃疡、肠道病、烂鳃病，以及虾红体病、蟹腹水病。是农业部公告第1435号允许使用药物。通过抑制肽酰基转移酶活性而产生广谱抑菌作用，抗菌谱广，包括各种革兰氏阳性、阴性菌和支原体等。敏感菌包括牛、猪的嗜血杆菌、痢疾志贺氏菌、沙门氏菌、大肠杆菌、肺炎球菌、流感杆菌、链球菌、金黄色葡萄球菌、衣原体、钩端螺旋体、立克次氏体等。氟苯尼考应用于水产养殖，用于治疗黄尾鱼的假核性巴氏杆菌病及链球菌病、自然爆发的大西洋鲑病效果显著。综合考虑实际养殖过程中的用药需求及药效、安全性等，允许使用氟苯尼考作为抗微生物用药。具体使用参照《化学药品卷》（2010版）及《水产养殖用药指南》（中国水产技术推广总站）中说明。应在水生动物类执业兽医的指导下用药。

参考使用方法：以氟苯尼考粉为例，拌饵投喂（以氟苯尼考计）。鱼、虾、蟹：每1kg水生动物体重用本品0.10～0.15g（按5％投饵量计，每1kg饲料用本品2.0～3.0g），1d1次，连用3～5d。同时，建议停药期为

375 度日。

注意事项：一是混拌后的药饵不宜久置；二是不宜高剂量长期使用。

不良反应：高剂量长期使用对造血系统具有可逆性抑制作用。

③氟苯尼考粉预混剂。治疗嗜水气单胞菌、副溶血弧菌、溶藻弧菌、链球菌等引起的感染，如鱼类细菌性败血症、溶血性腹水病、肠炎、赤皮病等，也可治疗虾、蟹类弧菌病、罗非鱼链球菌病等。具体使用参照《化学药品卷》（2010 版）及《水产养殖用药指南》（中国水产技术推广总站）中说明。应在水生动物类执业兽医的指导下用药。

参考使用方法：以氟苯尼考粉计，拌饵投喂，每 1kg 鱼体重用本品 20mg，1d 一次，连用 3～5d。同时，建议停药期为 375 度日。

注意事项：一是预混剂需先用食用油混合，之后再与饲料混合，为确保均匀，本品须先与少量饲料混匀，再与剩余饲料混匀；二是使用后须用肥皂和清水彻底洗净饲料所用的设备。

不良反应：高剂量长期使用对造血系统具有可逆性抑制作用。

④氟苯尼考粉注射液。治疗鱼类敏感菌所致疾病。具体使用参照《化学药品卷》（2010 版）及《水产养殖用药指南》（中国水产技术推广总站）中说明。应在水生动物类执业兽医的指导下用药。

参考使用方法：肌内注射，一次量，每 1kg 鱼体重用本品 0.5～1.0mg，1d 一次。同时，建议停药期为 375 度日。

⑤硫酸锌霉素。硫酸锌霉素是氨基糖苷类抗生素，主要用于治疗鱼、虾、蟹等由气单胞菌、爱德华氏菌及弧菌等引起的肠道疾病，效果显著。是农业部公告第 1435 号允许使用药物。链霉素、庆大霉素等其他氨基糖苷类抗生素具有耳毒性，可损害内耳柯蒂器内、外毛细胞的能量产生及利用，引起细胞膜上 Na^+、K^+ 和 ATP 酶功能障碍，造成毛细胞损伤。氨基糖苷类抗生素主要以原形由肾脏排泄，并可通过细胞膜吞饮作用使药物大量蓄积在肾皮质，引起肾毒性。此外，还可诱发神经元阻断和变态反应。综合考虑实际养殖过程中的用药需求及药效、安全性等，允许使用硫酸锌霉素作为抗微生物用药。具体使用参照《化学药品卷》（2010 版）及《水产养殖用药指南》（中国水产技术推广总站）中说明。应在水生动物类执业兽医的指导下用药。

参考使用方法：以硫酸锌霉素粉为例，100g∶5g（500 万单位），拌饵投喂（以新霉素计）。鱼、河蟹、青虾：5mg/(kg·次)，即每 1kg 体重用本品 0.1g（按 5% 投饵量计，每 1kg 饲料用本品 2.0g），1d 1 次，连用 4～6d。100g∶50g（5 000 万单位）：拌饵投喂（以新霉素计）。鱼、河蟹、青虾：5mg/（kg·次），即每 1kg 体重用本品 0.01g（按 5％投饵量计，每 1kg 饲料用本品 0.2g）。1d 1 次，连用 4～6d。同时，建议停药期为 500 度日。

注意事项：对体长 3cm 以内的小虾以及扣蟹、豆蟹疾病的防治，用药量酌减。使用本品时，投饵量应比平常酌减。

（2）驱杀虫药物

①硫酸锌粉。硫酸锌主要用于河蟹、虾类等的固着类纤毛虫病，是农业部公告第 1435 号允许使用药物。综合考虑实际养殖过程中的用药需求及药效、安全性等，允许使用硫酸锌作为驱虫用药。具体使用参照《化学药品卷》（2010 版）及《水产养殖用药指南》（中国水产技术推广总站）中说明。应在水生动物类执业兽医的指导下用药。

参考使用方法：以硫酸锌粉为例，用水稀释后，全池遍洒。以本品计，每次每 1m³ 水体用本品 0.75～1g（每亩①水深 1m 水体用本品 500～667g），1d 1 次，病情严重可连用 1～2d。同时，建议停药期为 500 度日。

注意事项：一是禁用于鳗鲡；二是虾蟹幼苗期及脱壳期中期慎用；三是高温低压气候注意增氧。

②硫酸锌三氯异氰脲酸粉。硫酸锌三氯异氰脲酸主要用于治疗河蟹、虾类等水生动物的固着类纤毛虫病，是农业部公告第 1435 号允许使用药物。具体配比为：每 100g 本品中含硫酸锌（$ZnSO_4 \cdot H_2O$）70g 和三氯异氰脲酸 30g（含有效氯 7.5g）。综合考虑实际养殖过程中的用药需求及药效、安全性等，允许使用硫酸锌三氯异氰脲酸作为驱虫用药。具体使用参照《化学药品卷》（2010 版）及《水产养殖用药指南》（中国水产技术推广总站）中说明。应在水生动物类执业兽医的指导下用药。

参考使用方法：用水稀释后，全池遍洒。以本品计，每次每 1m³ 水体用本品 0.3g。同时，建议停药期为 500 度日。

注意事项：一是禁用于鳗鲡；二是虾蟹幼苗期及脱壳期中期慎用；三是高温低压气候注意增氧。

③盐酸氯苯胍粉。盐酸氯苯胍主要用于治疗鱼类孢子虫病，是农业部公告第 1435 号允许使用药物。综合考虑实际养殖过程中的用药需求及药效、安全性等，允许使用盐酸氯苯胍作为驱虫用药。具体使用参照《化学药品卷》（2010 版）及《水产养殖用药指南》（中国水产技术推广总站）中说明。应在水生动物类执业兽医的指导下用药。

---

① 亩为非法定计量单位，15 亩＝1hm²。

参考使用方法：拌饵投喂。鱼：40mg/（kg·次），连用 3～5d，苗种减半。同时，建议停药期为 500 度日。

注意事项：一是搅拌均匀，严格按照推荐剂量使用；二是斑点叉尾鮰慎用。

④阿苯达唑粉。阿苯达唑主要用于治疗海水鱼类线虫病和由双鳞盘吸虫、贝尼登虫等引起的寄生虫疾病；淡水养殖鱼类由指环虫、三代虫以及黏孢子虫等引起的寄生虫病。阿苯达唑粉是农业部公告第 1435 号允许使用药物。综合考虑实际养殖过程中的用药需求及药效、安全性等，允许使用阿苯达唑为驱虫用药。具体使用参照农业部公告第 1435 号、《化学药品卷》（2010 版）及《水产养殖用药指南》（中国水产技术推广总站）中说明。应在水生动物类执业兽医的指导下用药。

参考使用方法：拌饵投喂，以有效成分计。鱼：0.2g/（kg·次），1d 1 次，连用 5～7d。同时，建议停药期为 500 度日。

⑤地克珠利预混剂。地克珠利预混剂主要用于防治鲤科鱼类的黏孢子虫、碘泡虫、尾孢虫、四极虫、单极虫等孢子虫病，效果显著。是农业部公告第 1435 号允许使用药物。综合考虑实际养殖过程中的用药需求及药效、安全性等，允许使用地克珠利预混剂为驱虫用药。具体使用参照农业部公告第 1435 号、《化学药品卷》（2010 版）及《水产养殖用药指南》（中国水产技术推广总站）中说明。应在水生动物类执业兽医的指导下用药。

参考使用方法：拌饵投喂，以有效成分计。100g：0.2g，鱼：2.0～2.5mg/（kg·次），即每 1kg 鱼体重用本品 1.0～1.25g（按 5％投饵量计，每 1kg 饲料用本品 20.0～25.0g）。100g：0.5g，鱼：2.0～2.5mg/（kg·次），即每 1kg 鱼体重用本品 0.4～0.5g（按 5％投饵量计，每 1kg 饲料用本品 20.0～25.0g）。同时，建议停药期为 500 度日。

（3）消毒用药

①聚维酮碘溶液。聚维酮碘主要用于治疗水产养殖动物由弧菌、嗜水气单胞菌、爱德华氏菌等引起的出血、烂鳃、疖疮等疾病。是农业部公告第 1435 号允许使用药物。综合考虑实际养殖过程中的用药需求及药效、安全性等，允许使用聚维酮碘为消毒用药。具体使用参照农业部公告第 1435 号、《化学药品卷》（2010 版）及《水产养殖用药指南》（中国水产技术推广总站）中说明。应在水生动物类执业兽医的指导下用药。

参考使用方法：用水稀释 300～500 倍后，全池均匀泼洒。以有效碘计，每次每 1m³ 水体用本品 4.5～7.5mg，隔日 1 次，连用 2～3 次。同时，建议停药期为 500 度日。

注意事项：一是水体缺氧时禁用；二是勿用金属容器盛装；三是勿与强碱类物质及重金属物质混用；四是冷水性鱼类慎用。

②三氯异氰脲酸粉。三氯异氰脲酸粉主要用于水体、养殖场所和工具等消毒以及水产动物体表消毒等，防治鱼虾等水产动物的多种细菌性和病毒性疾病。是农业部公告第 1435 号允许使用药物。综合考虑实际养殖过程中的用药需求及药效、安全性等，允许使用三氯异氰脲酸为消毒用药。具体使用参照农业部公告第 1435 号、《化学药品卷》（2010 版）及《水产养殖用药指南》（中国水产技术推广总站）中说明。应在水生动物类执业兽医的指导下用药。

参考使用方法：用水稀释 1 000～3 000 倍后，全池均匀泼洒。以有效氯计，每次每 1m³ 水体用本品 0.090～0.135g，1d 1 次，连用 1～2 次。同时，建议停药期为 500 度日。

注意事项：一是不得使用金属容器盛装，注意使用人员的防护；二是勿与碱性药物、油脂、硫酸亚铁等混合使用；三是根据不同的鱼类和水体的 pH，使用剂量适当增减。

③复合碘溶液。复合碘溶液主要用于防治水产养殖动物细菌性和病毒性疾病。是农业部公告第 1435 号允许使用药物。综合考虑实际养殖过程中的用药需求及药效、安全性等，允许使用复合碘溶液为消毒用药。具体使用参照农业部公告第 1435 号、《化学药品卷》（2010 版）及《水产养殖用药指南》（中国水产技术推广总站）中说明。应在水生动物类执业兽医的指导下用药。

参考使用方法：全池泼洒，每 1m³ 水体用本品 0.1mL。同时，建议停药期为 500 度日。

注意事项：一是不得与强碱或还原剂混合使用；二是冷水鱼慎用。

④蛋氨酸碘粉。蛋氨酸碘粉是消毒药，用于防治对虾白斑综合征。具体使用参照农业部公告第 1435 号、《化学药品卷》（2010 版）及《水产养殖用药指南》（中国水产技术推广总站）中说明。应在水生动物类执业兽医的指导下用药。

参考使用方法：以蛋氨酸碘计，拌饵投喂对虾，每 1 000kg 饲料用本品 100～200g，每日 1～2 次，2～3d 一疗程。

注意事项：勿与维生素 C 类强还原剂同时使用。

⑤高碘酸钠。高碘酸钠主要用于养殖水体的消毒；防治鱼、虾、蟹等水产养殖动物由弧菌、嗜水气单胞菌、爱德华氏菌等引起的出血、烂腮、

腹水、肠炎、腐皮等细菌性疾病。是农业部公告第 1435 号允许使用药物。综合考虑实际养殖过程中的用药需求及药效、安全性等，允许使用高碘酸钠为消毒用药。具体使用参照农业部公告第 1435 号、《化学药品卷》（2010 版）及《水产养殖用药指南》（中国水产技术推广总站）中说明。应在水生动物类执业兽医的指导下用药。

参考使用方法：用水稀释 300～500 倍后，全池均匀泼洒。以高碘酸钠计，每次每 $1m^3$ 水体用本品 15～20mg，每 2～3d 1 次，连用 2～3 次。同时，建议停药期为 500 度日。

注意事项：一是勿用金属容器盛装；二是勿与强碱类物质及含汞类药物混用；三是软体动物、鲑等冷水性鱼类慎用。

⑥苯扎溴铵溶液。苯扎溴铵溶液主要用于养殖水体消毒，防治水产养殖动物由细菌性感染引起的出血、烂鳃、腹水、肠炎、疖疮、腐皮等细菌性疾病。具体使用参照农业部公告第 1435 号、《化学药品卷》（2010 版）及《水产养殖用药指南》（中国水产技术推广总站）中说明。应在水生动物类执业兽医的指导下用药。

参考使用方法：用水稀释本品 300～500 倍（5％浓度）或 600～1 000 倍（10％浓度）或 1 200～2 000 倍（20％浓度）后，全池泼洒。一次量 $1m^3$ 水体用本品 0.10～0.15g，每隔 2～3d 用 1 次，连用 2～3 次。

注意事项：一是勿用金属容器盛装；二是禁与阴离子表面活性剂、碘化物和过氧化物等混用；三是软体动物、鲑等冷水性鱼类慎用；四是水质较清的养殖水体慎用；五是使用后注意池塘增氧；六是包装物使用后集中销毁。

【标准原文】

6.4　所有使用的渔药应来自具有生产许可证和产品批准文号的生产企业，或者具有《进口兽药登记许可证》的供应商。

【内容解读】

本条款规定了绿色食品养殖生产过程中预防或治疗疾病用药的来源，须是来自具有生产许可证和产品批准文号的生产企业，或者具有《进口兽药登记许可证》的供应商。

【标准原文】

6.5　不应使用的药物种类。

6.5.1　不应使用中华人民共和国农业部公告第 176 号、193 号、235 号、

560 号和 1519 号中规定的渔药。

6.5.2 不应使用药物饲料添加剂。

6.5.3 不应为了促进养殖水产动物生长而使用抗菌药物、激素或其他生长促进剂。

6.5.4 不应使用通过基因工程技术生产的渔药。

【内容解读】

本条款重点强调了绿色食品生产中不允许使用的药物种类，共有以下4类。

（1）农业部公告第 176 号、193 号、235 号、560 号和 1519 号中禁止使用的药物

具体药物品种详见附录 2～附录 4。

（2）药物饲料添加剂

药物饲料添加剂是为了预防、治疗动物疾病而掺入载体或者稀释剂的兽药预混物，主要包括抗球虫药类、驱虫剂类、抑菌促生长类等。农业部公告第 168 号发布了目前可以用于养殖动物的药物饲料添加剂品种和使用规范，鉴于这些药物的主要成分是抗寄生虫、抗菌药物，长期使用会导致药物残留和动物耐药性问题，因此绿色食品标准禁止使用。

（3）为促生长而使用抗菌药物、激素或其他生长促进剂

抗菌药、激素等药物同时具有促生长作用，实际生产中确有使用这些药物而不为防治疫病，为避免此类药物滥用而导致的动物源食品安全问题，本标准予以禁用。

（4）基因工程技术生产的渔药

基因工程又称基因拼接技术和 DNA 重组技术，是以分子遗传学为理论基础，以分子生物学和微生物学的现代方法为手段，将不同来源的基因按预先设计的蓝图，在体外构建杂种 DNA 分子，然后导入活细胞，以改变生物原有的遗传特性、获得新品种、生产新产品。因基因工程技术存在较大争议，绿色食品予以禁用。

【标准原文】

6.6 渔药的使用应建立用药记录。

6.6.1 应满足健康养殖的记录要求。

6.6.2 出入库记录：应建立渔药入库、出库登记制度，应记录药物的商品名称、通用名称、主要成分、批号、有效期、贮存条件等。

6.6.3　建立并保存消毒记录，包括消毒剂种类、批号、生产单位、剂量、消毒方式、消毒频率或时间等。建立并保存水产动物的免疫程序记录，包括疫苗种类、使用方法、剂量、批号、生产单位等。建立并保存患病水产动物的治疗记录，包括水产动物标志、发病时间及症状、药物种类、使用方法及剂量、治疗时间、疗程、停药时间、所用药物的商品名称及主要成分、生产单位及批号等。

6.6.4　所有记录资料应在产品上市后保存两年以上。

【内容解读】

本条款是关于渔药管理和使用记录的要求。规定了渔药的出入库记录，渔药的使用记录（记录内容）以及记录资料保存时间等，以规范渔药在绿色食品水产品养殖生产过程中的使用，并方便渔药的可追溯查询。渔药出入库登记表的格式如表 2-2 所示。

表 2-2　××养殖公司渔药入库登记表（参考）

序号	药品名称（通用名称）	主要成分	批号	剂型剂量	有效期	贮存条件	签字日期

管理部门：　　　　　　　　　　保管员：　　　　　　　　　　　入库人员：

表 2-3　××养殖公司渔药出库登记表（参考）

序号	药品名称（通用名称）	主要成分	批号	剂型剂量	有效期	贮存条件	签字日期

管理部门：　　　　　　　　　　保管员：　　　　　　　　　　　出库人员：

第3章
应 用 实 例

3.1　半滑舌鳎养殖常见病及防治技术

半滑舌鳎（*Cynoglossus semilaevis* Günther），俗称牛舌头、龙利、鳎目、鳎米，为温水性近海大型底栖鱼类。其肉质细嫩，味道鲜美，营养价值是海水鱼类中的佼佼者，其蛋白质、脂肪、脂肪酸和各种氨基酸含量丰富，且养殖种类与野生种类的各种营养物质含量无差异，特别是含有丰富的微量元素硒和锌，长期食用半滑舌鳎对人体具有较好的保健作用，在我国半滑舌鳎自古就有"皇帝鱼"的美称。

半滑舌鳎具有个体较大、生长速度快、适应性强、广温、广盐的特点，是渔业资源的理想增殖对象，具有广阔的开发潜力，适合在我国沿海地区养殖和推广。目前，半滑舌鳎养殖产业在我国山东、河北、天津、辽宁、浙江、福建、广东等地的沿海地区已形成了较大规模，山东、河北、辽宁等地形成主产区，育苗及养殖场家达到数百家，从业人员近万人，年可培育商品苗种 3 000 万～5 000 万尾，年养成商品鱼近万吨，年产值达10 亿元以上，经济效益和社会效益显著。半滑舌鳎已成为我国鲆鲽类三大主导养殖种类之一，其养殖业已经成为我国海水鱼类工厂化养殖产业的新亮点。

以下从生物学特征、工厂化养殖技术、疾病防治技术 3 个方面对半滑舌鳎进行简要介绍，为半滑舌鳎工厂化全链条健康养殖和优质商品鱼生产提供技术指导和借鉴。

3.1.1　半滑舌鳎的生物学特征

半滑舌鳎属鲽形目（Pleuronectiformes）、舌鳎科（Cynoglossidae）、舌鳎属（*Cynoglossus* Buchanan-Hamiltou, 1822），为温水性近海大型底栖鱼类，在我国沿海均有分布，以渤海、黄海为多。舌鳎属鱼类的种类较多，约有 49 种，我国有 25 种，在我国沿海均有分布。半滑舌鳎身体背腹扁平，呈舌状，背臀鳍和尾鳍相连，体表呈黄褐色或土黄色，有眼侧有点状色素体，无眼侧光滑呈乳白色，头部和尾鳍较小，身体中部肉厚，内脏团小，雌雄个体差异非常大。其主要的分类特征有两点：一是有眼侧有 3 条侧线分布于身体的中央和两侧鳍的基部；二是有眼侧的鳞片多为细圆鳞或弱栉鳞，用手顺向或反向摸均为滑感，无锉感或刺感（图 3-1）。

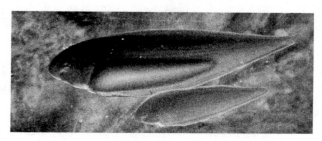

图 3-1　半滑舌鳎（上为雌性，下为雄性）

半滑舌鳎为底栖生物食性鱼类，营养级指数为 4.2。半滑舌鳎的适温范围为 3～30℃，最适生长温度为 22～26℃，在渤海可自然越冬。最适生长盐度范围为 25～35，工厂化养殖条件下溶解氧要求达到 6mg/L，低于 4mg/L 时会对生长不利。

半滑舌鳎性成熟个体雌雄差异巨大，雌性个体平均体长约 523mm，最大体长可达 800mm 以上，雄性个体平均体长为 280mm。渤海资源调查表明：每年 12 月上旬，随着水温的急剧下降，栖息于近岸浅水区的半滑舌鳎逐渐向深水区移动越冬，6 月大部分个体游至近海水域，栖息水深为 8.0～15.0m，8 月份开始在栖息地进行产卵前的索饵育肥。9 月份进入产卵期，产卵水温 23～27.5℃。渤海半滑舌鳎产卵场分布较广，中心产卵场在河口附近水深 10～15m 的海区，伴随有一定的水流和波动，但均避开河水的直接冲击、水质混浊的河口浅水区。

3.1.2　半滑舌鳎工厂化养殖技术

工厂化养鱼是集工程技术、生物技术、信息技术、机械设备等现代工业化手段为一体，对养殖过程进行全面控制，使鱼类在适宜环境条件下生长，实现全年高密度、高效益的健康养殖模式。目前，我国半滑舌鳎养殖模式主要是室内工厂化养殖，同时也有小部分池塘养殖。以下简要介绍工厂化养殖技术要点。

3.1.2.1　工厂化养殖设施

（1）养殖场的选择

半滑舌鳎养殖场应选择在海流畅通，无污染源，悬浮物少，进排水方便，通信、交通便利，电力、淡水供应充足的地方建设。养殖场水源丰富，无污染，水质状况良好，水温合适，能利用水质条件适合的地下井水更好。养殖场需配备供水系统、供暖系统、供气系统、配电系统、水处理系统、水质监控系统等。

（2）养殖设施

半滑舌鳎工厂化养殖对池子形状结构没有特殊的要求，一般现有养殖牙鲆、大菱鲆的池子完全可适合半滑舌鳎的养成，山东省莱州地区许多养殖户直接用水泥池放养也很成功，高密度养殖需用圆形池，这样水交换比较彻底，残饵少，有利于半滑舌鳎的生长。同时，应具备进排水系统、水处理系统、充氧设施、控温系统、养殖池等。

3.1.2.2　工厂化养殖技术

（1）苗种来源

经人工繁育和苗种中间培育获得的全长 8cm 以上的健康苗种。要求苗种色泽正常，大小规格整齐，健康无损伤、无病害、无畸形、无白化，游动活泼，摄食良好。全长合格率≥95%，伤残率≤5%。

（2）苗种入池条件

当水温上升至 14℃以上时，即可放养鱼种。鱼种入池水温和运输水温应在±2℃以内，盐度差应在 5 以内。

（3）放养密度

放养密度根据半滑舌鳎的生长进行调节，较为适宜的放养密度如表3-1所示。养殖企业和业户可根据本单位的水质、水交换量和苗种的生长情况进行适当调整，促进苗种的快速生长。

表 3-1　工厂化养殖半滑舌鳎放养密度

全长（cm）	体重（g）	每平方米尾数
8～10	10	120
15	40	100
20	70	80
25	140	60
30	320	40

（4）养殖条件

养殖水温 18～25℃为宜，盐度 20～32 为宜，pH 7.8～8.3，溶解氧大于 5mg/L，$[NH_4^+—N]≤0.2mg/L$。

（5）养殖管理

半滑舌鳎养殖过程中，良好的管理措施是保证养殖苗种发病率低、快速生长的关键所在。管理措施主要包括适宜饵料的选择和投喂策略、养殖用水水质调控、养殖病害防控等方面。

（6）养殖生长

在室内工厂化养殖条件下，半滑舌鳎经中间培育后的苗种，在适宜的水温条件下经过 10 个月的养殖，雌性体重每尾可达 500～600g，雄性体重每尾可达 200～300g，雌性生长速度较快。由于雄性生长速度较慢，养殖初期可在分选大小时，将部分生长较慢的小个体雄鱼筛除淘汰，降低养殖成本，提高养殖效率。

3.1.3　半滑舌鳎疾病防治技术

半滑舌鳎作为一种新兴优良养殖品种，具有广温、广盐、耐受力强的特点，养殖过程中只要加强管理，较少见病害发生。在养殖过程中，要遵循预防为主的原则，密切观察鱼体的摄食情况、游动、体色有无异常，及时察觉发病前兆并进行防治。适时调节换水量，控制良好的水质环境，定期疏苗以降低放养密度，采取环境综合调控和防病措施，防止疾病发生。当病害发生时，药物使用应遵循《绿色食品　渔药使用准则》（NY/T 755—2013），确保养殖绿色、优质、安全的商品鱼。

3.1.3.1　常见疾病及防治

目前，半滑舌鳎养殖过程中已见的疾病主要有：腹水病、烂鳍病、烂尾病等。

（1）腹水病

从苗种到成鱼均有可能发生，尤其当养殖池水温较高、养殖密度较大、水循环量不足时更易发生。

主要症状：发病个体游动不安，腹部膨胀隆起，解剖可见腹腔中有大量无色透明或淡红色积水，肠内无食物，有黄色黏液，肠道充血，肛门红肿。死亡个体无眼侧常有大面积皮下充血，并常有烂鳍、烂尾病并发。镜检腹水可见弧形或短棒状有运动力的细菌，日死亡率 0.5%～2%。

防治措施：利用聚维酮碘、过氧化氢、苯扎溴铵溶液等消毒处理养殖

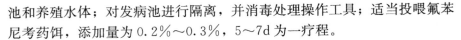

池和养殖水体；对发病池进行隔离，并消毒处理操作工具；适当投喂氟苯尼考药饵，添加量为 0.2％～0.3％，5～7d 为一疗程。

（2）烂鳍病

从苗种到成鱼均有发生，发病鱼中体长 7～25cm 较多见，当水温较高、水循环量不足时更易发生。

主要症状：体色变淡，鳍整体边缘发红，无眼侧较为明显，病鱼的鳍条破损、散开、充血，鱼体常有弥散性皮下充血，如未及时治疗则易感染寄生虫类疾病。

防治措施：倒池时注意操作，防止鱼受伤；可适当使用聚维酮碘溶液进行消毒处理养殖水体；可采取氟苯尼考药浴，浓度为 5～10mg/L，每次药浴 1～2h，3d 为一疗程。

（3）烂尾病

从苗种到成鱼均有发生，水循环量大时发病率相对较低，发病多在水温 20℃以上时。当鱼体重达 200g 以上时，如不及时分池，也容易得此病。养殖过程中还观察到饵料转换期或饵料不适口时也易患烂尾病。

主要症状：体色变淡，尾鳍糜烂，末端发红或变白，伤口处皮肤、肌肉有血丝或炎症，个别个体有时并发无眼侧皮下弥散性充血。

防治措施：加强饵料营养，采用优质饵料；保持良好水质，保证充足水循环量；在饲料中添加复合维生素有一定预防作用，添加量为 80mg/kg；可采用氟苯尼考药浴，浓度为 5～10mg/L，每次药浴 1～2h；定期使用聚维酮碘溶液对养殖池和养殖水体进行消毒处理。

3.1.3.2 病害预防原则

（1）养殖工具要专池专用，使用前后要严格消毒。

（2）工作人员要讲究卫生，出入车间和入池前要进行消毒，并定期用生石灰等对车间的各个通道进行消毒。

（3）禁止过度的充气、水流、光照、水温、振动等物理刺激。

（4）每日工作结束后，车间的外池壁和走道都要利用生石灰等进行消毒处理。

（5）及时捞出体色和活动异常的鱼，放入小池中隔离，单独观察、镜检、处理，对于死鱼、病鱼要及时清除、焚烧或埋入土中，防止细菌的传播。

（6）加强疫苗的应用推广，预防疾病，禁止滥用抗菌素。

（7）外来者及工作人员避免在养殖池上行走、站立。

（8）其他生物及饵料不要随意从外部带进养殖场。

（9）工厂化循环水养殖时定期清理、维护水处理系统。

3.2　对虾健康养殖与科学用药

3.2.1　健康虾与病虾的鉴别方法

3.2.1.1　活动特征

（1）健康虾

一是白天多在池底活动，夜间或凌晨到水上层成群游动或零星到浅水处觅食；游动快而有力，有一定方向。二是反应灵敏，受刺激或惊吓能迅速逃离，难以捕捉；离水后弹跳有力。三是出水时能迅速逃离，不随水流流出。

（2）病虾

一是离群独游或白天成群，在水表层沿池边环游或缓慢无方向、无力地游于水面、池边，或在水面进行水平或垂直打圈，或静伏于池边浅水区底层。二是感觉反应迟钝，易于捕捉；离水后弹跳无力或不会跳动；白天环游表层的群虾，受惊后跳跃，可能为发病的预兆。三是易随水流挡在出水网上，遇风浪易飘至下风处。

3.2.1.2　甲壳特征

（1）健康虾

一是正常的甲壳颜色，中国对虾和长毛对虾为半透明，体上有少量黄褐色斑点；斑节对虾有棕褐色斑纹；日本对虾有棕色和蓝色相间的横纹。二是甲壳光滑，完好无损，壳较厚而硬。

（2）病虾

一是甲壳色素加深，呈淡黄色、浅黄褐色或浅天蓝色，上有较多的黑褐色、白色的斑点或呈带状的斑块；额剑发红。二是甲壳有粗糙感，其上有黄褐色、灰白色绒毛状物或浅绿色丝状附着物；甲壳残缺不完整、畸形或薄而柔软。

3.2.1.3　附肢

（1）健康虾

一是附肢完好，光洁呈乳白色。二是尾肢末端微红或呈浅蓝色、黄色、青褐色，随种类而异。三是触须灰色或灰白色。四是游动时尾肢撑开。

（2）病虾

一是附肢呈红色、浅蓝色或黄褐色，具粗糙感，呈灰白色绒毛状，或残缺。二是尾肢缺损，基部或末端发黑；具有乳白色斑点或斑块。三是触须断裂、发红。四是游动时尾肢撑不开。

3.2.1.4 胃肠道

（1）健康虾

一是胃肠具有食物，呈黑褐色或其他食物的颜色。二是幼虾肠为半透明，内有食物，拖粪正常。

（2）病虾

一是摄食停止，胃肠空，没有食物和残渣；胃呈浅红色，后肠和直肠生有红色小点。二是幼虾肠呈灰白色，不拖粪或粪便过长，缠附于尾肢、刚毛。

3.2.1.5 肌肉

（1）健康虾

一是肌肉白色、半透明，有弹性。二是肌肉与甲壳粘连不易剥离。

（2）病虾

一是头胸部或腹部肌肉有乳白色斑点或斑带；白浊，不透明，松软，失去弹性。二是肌肉发白坏死，萎缩，与甲壳分离。

3.2.1.6 生殖腺

（1）健康虾

一是卵巢呈浅灰色、浅绿色或绿褐色；产后呈土黄色。二是精巢呈半透明乳白色。

（2）病虾

一是卵巢发红，或卵巢出现白色斑点，或整个卵巢呈白色带状。二是生殖腺发育不良，甚至萎缩。

3.2.2 虾病害的诊断

3.2.2.1 虾病的发生

养殖虾易患有传染性（病毒、立克次氏体、细菌、霉菌、原生生物和后生生物病等）和非传染性（环境恶化、营养失衡、毒物和遗传因子等）病害。虾发病是由虾的种类、规格、发育阶段、生理状况、环境（生物与非生物等）和病原等相互作用而引发的结果。有许多虾病是多病原或多病因的，病毒感染不仅常伴有细菌和外寄生物次生感染，还可能引起对虾死亡，而且是多种病毒同时感染。如在感染对虾白斑综合征病毒（White spot syndrome rirus，WSSV）的斑节对虾中就同时发现了黄头病毒（Yellow head virus，HYV）。

3. 2. 2. 2　虾病的诊断

我国对虾养殖业，由以黄、渤海地区大排大灌中国对虾为主的养殖模式，经过近 10 年的探索，发展为以南海地区封闭式健康养殖南美白对虾为主的养殖模式。WSSV、肝胰腺细小病毒（Hepatopancreatic parvovirus，HPV）、传染性皮下与造血组织坏死病（Infectious hypodermal and hematopoietic necrosis virus，IHHNV）和 HYV 是亚洲和印度-太平洋地区对虾的重要病原，IHHNV 和杆状对虾病毒（Baculovirus penaei，BP）是美洲对虾的主要病原。但近年我国的南美白对虾也爆发了托拉病，引起对虾大批死亡。对此，我国须高度警惕。对虾病原的诊断方法最早是用光学显微镜直接观察，后来用电子显微镜观察，再用组织学、血清学和微生物学方法，如今已采用了高灵敏度的现代生物技术方法。

3. 2. 3　虾病治疗原则

治疗虾病只要尊重虾病的发病规律，灵活用药，可以将虾病的损失降至最低程度。虾病治疗应坚持以下原则。

3. 2. 3. 1　及早诊断，早期治疗

虾病发病之前，虾机体与病原之间有一个相持阶段，即潜伏期阶段。这一时期是治疗虾病的最有利时期，只要正确用药，虾病是能控制的。

3. 2. 3. 2　正确用药

虾病有急性、慢性、亚急性等类型，以细菌性败血症（弧菌或气单胞菌病）为例进行分析。

（1）急性

虾在数天内死亡达到高峰，体外多无明显症状，偶有全身发红，发病前食欲旺盛。治疗应以内服抗菌药物为主，外用适量生态消毒剂。

（2）慢性

虾陆续零星死亡，外壳、附肢及鳃等处出现溃烂、缺损等症状，局部色素细胞增加，表现为红腿、红鳃、黑鳃等症状。治疗初期应内服抗菌药物，外用生态消毒剂；中、后期以恢复体质、改善底质及水质为主。

（3）亚急性

发病介于急性与慢性之间，虾两种症状都会出现。治疗方法同慢性类型。

3.2.3.3　保持水质稳定

虾发病后尽量不换水，避免造成不正常蜕壳及增加环境对虾体的压力。不添加损害水质的药物。药物使用后，应采取措施缓解其副作用，以减轻危害。

3.2.3.4　增加充氧，预防并发及继发感染

虾的死亡在许多情况下，并不是病害本身直接致死，而是缺氧引起的。对虾经常在晚上死亡较多，正是由于缺氧导致的。因此，虾病治疗期间需要及时充氧。此外，应防止细菌感染，特别是发病后期防止继发感染是重要的防治方法。

3.2.4　养殖虾发病前的征兆

3.2.4.1　虾的活力减弱，摄食量下降

健康无病的虾通常栖息于养殖水体的中、下层或近于底部，一般不易看见；有时在池堤上可发现一些虾群，但运动活泼，游泳迅速，弹跳力强。病虾活动能力弱，游泳缓慢，在人为刺激时，反应迟钝，不逃避，有的在水面上打转或无定向地上下游动。健康无病的虾群，在投饲（投饵）时可见争食活跃，长势良好，虾体健壮。而病虾，在常规投饲下，池中出现残饵；非急性病，连续观察一周，对虾日趋瘦弱，残饵也明显增加。

3.2.4.2　体色和鳃异常，死亡率上升

健康无病的虾，身体透明或半透明，特别是幼体和未成年虾，体色正常、鲜艳，体表无污物、藻类、原生动物等附着。患病对虾体色灰暗，甲壳表面色素斑点增多，有的出现白斑、褐斑，甲壳溃疡；附肢残缺，触须断掉，有的附肢变红，肌肉白浊，虾体痉挛呈抽筋虾；鳃变黑，有的黄鳃

或白鳃，鳃上附着污物或固着有原生动物、藻类等。

在通常情况下，一个养殖虾池一周内有个别虾体死亡，其群体的活动、摄食和体色、鳃等又无异常现象，可看成自然减量，但如果在短期内虾池死亡率高于正常情况，则可能是病害的初始，应认真观察、详细查看。

3.2.5 虾养殖中疾病的防治措施

虾养殖对于疾病的防治，应贯彻"以防为主，防重于治"的健康养虾模式。在养殖措施上，选择健康无带病的种苗，优化养殖环境和使用药物防治等措施。在防病措施上尤其要注意净化与优化环境，除了用规定用药物消毒杀除养殖环境中的病原体之外，在养殖中可适量采用生物制剂，改善水中环境，抑制病原体的发生，提高对虾免疫能力，以达到预防虾病的目的。

3.2.5.1 病毒病病原

据报道我国养殖的几种对虾已发现 4~5 种病毒，世界上已报道的对虾病毒有 20 余种，主要是斑节对虾杆状病毒（Monodon baculovirus，MBV）、WSSV、托拉病毒（Taura syndrome virus，TSV）、IHHNV、BP、HPV、中肠腺坏死杆状病毒（Baculoviral midgut gland necrosis type viruses，BMNV）、肝胰腺呼肠弧样病毒（Hepatopancreatic respiratory enteric orphan virus，REO）等。我国养殖对虾的几种病毒，从病毒粒子形态看有两种类型，即杆状和球状，包括杆状病毒属、呼肠弧病毒属和细小病毒属中的一些种类。杆状病毒有 3 种。这类病毒的感染均会引起对虾大量死亡，通常 BP 及 BMNV 病毒会引起虾苗及仔虾的严重传染病。

防治措施：对虾病毒病目前尚无有效的防治药物，唯有进行综合预防，其措施主要为：一是彻底清污消毒；二是放养无病原感染的健壮虾苗，并控制放养密度；三是使用清净和不带病毒的水源，使用经过消毒后的海水；四是封闭式、半封闭式和鱼、虾、贝混养等模式，或在池中投放生物制剂，能有效地预防对虾流行病；五是提高饵料质量，在配合饵料中添加维生素 C、多种微生物代谢产品、藻类的活性物质及免疫多糖类等物质，可提高对虾机体的抗应激反应能力，增加机体免疫能力；六是保持虾池水质因子稳定；七是防止出现细菌、寄生虫等并发疾病。

3.2.5.2 细菌性疾病

（1）烂眼病

由霍乱弧菌侵入虾体及眼球内引起的。初期病虾眼球肿胀，并由黑色变为褐色，逐渐溃烂，严重时整个眼球烂掉，仅剩下眼柄。随着病情的发展，全身肌肉变白。病虾行动迟缓，匍匐于水草上或池边水底，时而在水面上旋转翻滚。多数病虾在一周内死亡。

防治措施：加大换水量，保持良好的水质。用漂白粉全池均匀泼洒。可用苯扎溴铵等药饵连续投喂，5～7d 为一个疗程，可控制病情。

（2）红腿病（变红症、败血症）

红腿病是由多种弧菌侵入血液，引起的全身感染，故又称败血病。病虾全身及附肢变红色或暗红色，背部弯曲，行动迟缓，胸肢支撑无力，多拒食，不能控制行动的方向，时而在水面打旋，时而在池边缓游或爬行，重病者侧倒在水中。此病蔓延快、危害大。

防治措施：要严格清池，放苗密度不宜过大，注意保持良好水质。若池底腐败污物多，则采用大量的石灰粉或含氯石灰泼入虾池。

（3）黑鳃病

黑鳃病是一种病症，引起黑鳃病的病原主要是弧菌及真菌的镰刀菌；还有的是由纤毛虫类寄生及重金属镉、铜的污染，缺乏维生素 C 及水中氨氮含量过高所引起。初感染的虾鳃上有黑点，严重者鳃溃烂，鳃小瓣断落。镰刀菌还可侵犯体壁、附肢基部，甚至眼球，寄生部位有黑色素沉积而呈黑色。在池塘底质严重污染时，池水中有机碎屑较多，这些碎屑随着呼吸的水流贴附于鳃丝上使鳃呈黑色，影响对虾呼吸。此时，放在清水中饲养一段时间，鳃便会恢复正常。黑鳃病在越冬亲虾中也常见到。弧菌可引起鳃上的黑斑，有时使鳃变为灰白色、枯黄色，最后变为黑色。

防治措施：要分清主要是由哪一种病因引起的，然后对症下药。出现黑鳃病的虾池，应彻底清污，用漂白粉或生石灰严格清池，防止再次发病。由弧菌引起的病虾，用含氯石灰等浸浴，具有一定疗效。

（4）褐斑病（甲壳溃疡病、黑斑病）

病原体为弧菌属、气单胞菌属、螺旋菌属和黄杆菌属。这些菌在单独或共同侵袭中，在虾壳上造成溃蚀损害。病虾的体表甲壳和附肢上有黑褐色或黑色的斑点状溃疡，边缘较浅，稍白，中心部凹下，色深。病情严重者，溃疡达到甲壳下的软组织中，甚至有些病虾的额剑、附肢、尾节也烂断，断面也呈黑色。虾在溃疡处的四周沉淀黑色素以抑制溃疡的迅速扩大，便形成黑斑。致病菌可从伤口侵入虾体内，发生菌血症，并使渗透压不平衡，引起对虾死亡。此病多发生于受伤的亲虾。

防治措施：要选择无伤和附肢完整无缺的亲虾。在亲虾捕捞、运输和培育期间要严防受伤。降低光照强度，少惊动，越冬期可安装防碰网减少受伤。治疗可用氟苯尼考等。

（5）丝状细菌病

丝状细菌中的发状白丝菌是主要的病原。发状白丝菌单独或与其他白丝菌一起侵袭虾体。这些病原可侵袭虾体中的尾肢、腹足、步足、第一触角鳞片、口器、肢鳃的末端以及各鳃片间等部位。其中，影响较大的是鳃的感染，严重者可使鳃变黄色、褐色甚至绿色，随着丝状体黏附异物，而使鳃颜色变化。此病妨碍对虾呼吸，在水中氧气较低时，病虾会发生死亡。严重时对蜕壳也有影响。

防治措施：彻底清池，多换水，改良水质，注意对虾营养，治疗可用高碘酸钠溶液全池泼洒。

（6）寄生生物的病害

寄生生物种类很多，主要是原生动物的微孢子虫、簇虫、吸虫、绦虫、线虫或圆虫和纤毛虫类的聚缩虫、钟形虫、累枝虫等；以及甲壳类的一些种类，如虾疣虫等；还有附生的蓝绿藻和硅藻等种类。微孢子虫等一些种类目前尚未有治疗措施，只能预防。对此可采取多换水，改善水质、底质，可用 H_2O_2 增加水中氧气等措施。

3.2.6 药物治虾病应注意的问题

3.2.6.1 正确诊断，对症用药

防治对虾的疾病，同防治人类、畜禽和鱼类的疾病一样，一种药物可能对疾病的病因、病原有针对性，但不可能有防治百病的灵丹妙药。近年来发现不少生产单位或养殖户随意用药，结果由于药不对症，不但没有收到应有的防治效果，反而造成了人力物力的浪费。

3.2.6.2 了解药物性能，掌握使用方法

当前养殖对虾常用的药物，所采用的基本上都是医药品、兽药品、一些农药或化学药品等，各种药物都有各自的理化特性。例如，高碘酸钠和双氧水等强氧化剂，只能现用现配；光敏药物则应在早、晚使用等。

3.2.6.3 了解养殖环境，合理施放药量

防治疾病，一般以一个池塘作为用药单位（全池泼洒）。池塘的理化因子，例如 pH、溶解氧、盐度、水温等；生物因子，例如浮游生物、底栖生物的数量、种类和密度等；以及池塘的面积、形状、水的深浅和底质

状况等，都对药物的作用有一定影响。因此，必须在了解养殖池塘的基础上，科学、合理地施放药物。

3.2.6.4 注意药物相互作用

各种药物单独应用于对虾有机体可起到各自的药理效应，但当两种药物合并使用时，由于药物的相互作用，可能出现药效的加强或减弱，也可能出现毒副作用的问题。其配伍禁忌应注意两个方面：一是避免药理性禁忌；二是避免理化性禁忌。

3.3 河蟹健康养殖关键控制技术

近年来，随着河蟹养殖业规模的急剧扩大，生产的飞速发展，河蟹养殖中的种质资源退化、养殖环境恶化、病害日益严重及成蟹质量下降等深层次的问题逐步暴露出来。因此，河蟹健康养殖除需在技术上更加注重细节之外，更需要在管理上特别是细节管理上查找问题，严堵漏洞，防止病害乘隙而入。

3.3.1 消毒清塘与生物降解

清塘的目的是为消除养殖隐患，是健康养殖的基础工作，对种苗的成活率和生长健康起着关键性的作用。清塘必须注意以下几个方面。

3.3.1.1 消毒灭菌

可选用漂白粉、生石灰等，在使用生石灰时必须根据池塘酸碱度掌握合适的用量；使用漂白粉要根据池塘排水多少决定用量，防止用量过大把塘内螺蛳杀死。

3.3.1.2 降解消毒药品

降解消毒药品的残毒以及重金属、亚硝酸盐、硫化氢、氨氮、甲烷和其他有害物质的毒性。

3.3.1.3 水质净化

降解消毒药品后，即可采用有益微生物制剂全池泼洒，分解消毒杀死的各种生物尸体，进行水质净化。

有益微生物对消毒杀死的生物尸体进行彻底地分解，可使清塘变得彻底，杜绝具抗体的病原微生物待消毒药效期过后复活，并利用残留的生物尸体作培养基进行大量繁殖。同时还可将塘底有机物和生物尸体通过生物降解转化成藻类、水草所需的营养盐类，为肥水培藻、强壮水草奠定良好的基础。

3.3.2　优选蟹苗

目前，养蟹生产中流通的蟹苗，其繁育亲本有长江蟹、辽蟹、瓯蟹等。不同品系的河蟹在不同的养殖环境中，其个体大小、生长性能存在不同的特点。因此，在不同地域养殖河蟹应结合当地的气候条件、水质特点选择合适的品种进行养殖，实现最佳的经济效益。

3.3.2.1　选择优质蟹苗的关键控制点

（1）选择本地培育的优质苗；一般土池培育的蟹苗较工厂化培育的蟹苗有更强的环境适应性。在同等条件下，土池培育的蟹苗为首选。

（2）选择适宜苗龄：不选淡化时间不够、个体太小或大小不均的"嫩苗"和"花色苗"。

（3）选择品系纯正、苗体健壮、规格均匀、体表光洁不沾污物、色泽鲜亮、活动敏捷的蟹苗；苗为整齐的淡黄色、晶莹透亮，黑色素均匀分布；不选体表和附肢有聚缩虫或生有异物的不健康苗；不选壳体半透明、泛白的"嫩苗"或深黑色的"老苗"。

（4）观察蟹苗在水中游泳的活力和速度的快慢；选择在水中平游，速度很快，离水上岸后迅速爬动的健康苗；不选在水中打转、仰卧水底、行动缓慢或聚在一团不动的劣质苗。

（5）仔细观察苗池中死苗数量的多少，如池中死苗多，则尚存活者也是病苗。蟹种选择标准如下。

①应选一龄扣蟹苗，不选性早熟的二龄苗和老头蟹苗。

②选择品系纯正、苗体健壮、规格均匀、体表光洁不沾污物、色泽鲜亮、活动敏捷的蟹苗。

③随机挑 3～5 只蟹苗把背壳扒去，鳃片整齐无短缺、鳃片淡黄或黄白，无固着异物、无聚缩虫、肝脏呈菊黄色，丝条清晰者为健康无病的优质蟹苗；若鳃片短缺、黑鳃、烂鳃、肝脏明显变小，颜色变异无光泽，则为劣质苗、带病苗。

3.3.2.2　掌握蟹种的鉴别方法

在选择蟹种的时候，要避免性早熟蟹。河蟹性早熟就是在其尚未达到商品规格时，已由黄蟹蜕壳变为绿蟹，性腺发育成熟，在盐度变化的刺激下，能够交配产卵繁殖后代。这种未成熟蟹个体规格约为每千克 20～28 只，因其大小与大规格蟹种差不多，难以将它们区分开来。而如果将这种未成熟蟹作为蟹种第二年继续养殖时，不仅生长缓慢，而且易因蜕壳不遂而死亡，给养殖生产带来损失。因此，应掌握好蟹种的鉴别方法。

（1）看腹部

正常蟹种，不论雌雄个体，腹部都狭长，略呈三角形，随着生长，雄蟹的腹部仍然保持三角形，而雌性蟹腹部却逐渐变圆，所以选购蟹种，要观看腹部，如果都是三角形或近似三角形的蟹种，即为正常蟹种，如果蟹种腹部已经变圆，且圆的周围密生绒毛，即有可能是性腺成熟的蟹种。

（2）看交接器

观看交接器是辨认雄蟹是否成熟的有效方法，打开雄蟹的腹部，发现里面有两对附肢，着生于第一至第二腹节上，其作用是形成细管状的第一附肢，在交配时 1 对附肢的末端紧紧地贴吸在雌蟹腹部第五节的生殖孔上，故雄蟹的这对附肢叫交接器。正常的蟹种，交接器为软管状，而性成熟蟹种的交接器则为坚硬的骨质化管状体，且末端周生绒毛，交接器是否骨质化是判断雄蟹是否成熟的条件之一。

（3）看步足

正常蟹种步足的前节和胸节上的刚毛短而稀，而在成熟蟹种上表现为粗长、密稠且坚硬。

（4）看性腺

打开蟹种的头胸甲，若是性腺成熟的雌蟹，在肝区上面有 2 条紫色长条状物，这就是卵巢，肉眼可清楚地看到卵粒。若是性成熟的雄蟹，肝区有 2 条白色块状物，即精巢，俗称蟹膏。若是正常蟹种，打开头胸甲只能看到黄色的肝脏。

3.3.3　蟹苗放养

为了预防蟹苗入池后引起应激死亡或成活率低，必须提前做好防抗应激工作。

3.3.3.1　放苗入池前，首先要检测养成池塘的水质条件（水温、pH、盐度、溶解氧等）及饵料生物的数量。要尽可能使蟹苗在养成池的水质条件与育苗池保持一致。

3.3.3.2　解毒抗应激：由于现在养殖水源受到的污染越来越严重，放苗前解毒和抗应激非常必要。

3.3.3.3 水温低于15℃时不要放苗，放苗时间宜选择在晴天的早上或傍晚；尽可能避开暴风雨天气。如果放苗后5d内有暴风雨，则应在池面水草多的地方放些芦席、草帘等遮盖物。放苗时，应先将运抵的蟹苗连箱浸入池水浸泡2～3min后提出水面静置，或用池水喷淋后静置5～10min，如此重复2～3次；待蟹苗逐步吸足水分和适应水温后，再在池面的上风处，把蟹苗连箱放在水面，任其自行游入池中，可以提高蟹苗的抗应激能力和成活率。

3.3.4　保健养螺

3.3.4.1　放养螺蛳的意义

螺蛳的价格较低，来源广泛，蟹池中投放螺蛳可明显降低养殖成本、增加产量、改善品质，从而提高养殖户的经济效益。在成蟹养殖池中，适时适量投放活螺蛳，任其自然繁殖，能有效降低池塘中浮游生物含量，起到净化水质、维护水质清新的作用。螺蛳不但肉质鲜美，而且营养丰富，利用率较高，是河蟹最喜食的理想优质鲜活动物性饵料，所以又能为河蟹的整个生长过程，提供源源不断的、适口的、富含活性蛋白和多种活性物质的天然饵料，可促进河蟹快速生长，提高成蟹上市规格。但须注意的是：螺蛳又是病虫或病毒等的携带和传播者，因此，保健养螺又是健康养蟹的关键所在。

3.3.4.2　选择螺蛳的注意事项

（1）选择螺蛳要求个体较大，贝壳面完整无破损，受惊时螺体能快速收回壳中，同时盖帽能有力地紧盖螺口，螺体无蚂蟥等寄生虫寄生。

（2）螺蛳壳要鲜嫩光洁，壳坚硬不利于后期河蟹摄食。

（3）引进螺蛳，不能在寒冷结冰天气，避免冻伤死亡，要选择气温相对较高的晴好天气。

（4）引进螺蛳，要避开血吸虫病易感染地区。例如，江西省进贤县、安徽省无为县等。

3.3.4.3　螺蛳的放养

螺蛳要分3次放养，总量在每亩400～600kg。投放时应先将螺蛳洗净，并对螺体进行消毒，杀灭螺蛳身上的细菌及原虫。投放螺蛳应以母螺蛳占多数为佳（田螺为雌雄异体，母螺左右两触角头相同，而雄螺左右两触角头不同，雌性个体大于雄性个体，一般一冬龄性成熟，卵胎生，繁殖季节为每年 3～10 月，分批产仔)。

（1）第一次放养

放苗后，每亩投放螺蛳 50～100kg，量不宜太大，如果量太大，则水质不易肥起来，容易滋生青苔、泥皮等。

（2）第二次放养

清明前后，也就是在 4～5 月，每亩投放螺蛳 200～250kg，在循环沟里少放，尽量放在蟹塘中间生有水草的板田上。

（3）第三次放养

6～7 月每亩放养螺蛳 100～150kg。有条件的养殖户最好放养仔螺蛳，这样更能净化水质，利于水草的生长。到了 6～7 月螺蛳开始大量繁殖，仔螺蛳附着于池塘的水草上，仔螺蛳不但肉质鲜美，而且营养丰富，利用率很高，是河蟹最适口的饵料，正好适合河蟹旺长的需要。

3.3.5　底质、水质的养护与改良

水质、底质、水草、藻相、溶氧互相关联，互相影响，因此，养水、护草、改底、培藻协调管理很重要。

3.3.5.1　前期的水质养护

施完基肥培起水色，使用规定药物规范追肥。因藻类生长繁殖的初期对营养的需求量较大，对营养的质量要求较高，如不及时补施高品质的肥料养分，水色容易掉清，藻相因营养供给不足或者营养不良而"倒藻"。水色掉清会导致天然饵料缺乏，水中溶氧偏低，蟹苗很快就会出现游塘伏边等应激反应，活力减弱，免疫力下降，影响蟹苗的成活率，最终影响回捕率。

3.3.5.2　中后期底质的养护与改良

蟹养到中后期，投喂量逐步增加，河蟹排泄物越来越多，多种动植物的尸体累加沉积，塘底的负荷逐渐加大。这些有机物如不及时采取正本清源的措施进行处理，则易造成底部严重缺氧。在厌氧菌的作用下，就容易发生底部泛酸、发热、发臭，滋生致病原，引起蟹爬沙、伏边、上岸、割草等应激反应。特别是弧菌在这种恶劣的底部环境下容易大量繁殖，使河蟹活力减弱，免疫力下降。细菌、病毒交叉感染，容易暴发细菌性与病毒性并发症疾病。

3.3.5.3 中后期的水质养护

水质的好与坏，优良水质稳定时间的长与短，取决于水草、菌相、藻相是否平衡。三者共生于水体中，就像一个三脚架一样，缺任何一边都不会牢固。水体中缺菌相，水质不稳定；缺藻相，水体易泛浊（水中悬浮颗粒多）；缺水草，河蟹就好像少了把"保护伞"，所以养一塘好水，就必须适时地定向护草、培菌。

根据水质肥瘦情况，应酌情将肥料与活菌配合使用。如水色偏瘦，可采取以肥料为主、以活菌为辅进行追肥。

3.3.5.4 中后期危险水色的防控和改良

蟹养到中后期，水草、藻类对营养的需求有其特殊的个性，除氮、磷、钾外，还要补充一些必需的微量元素。中后期塘底的有机质除了耗氧腐败底质外，对水草、藻类的营养作用不大，所以不能单纯依靠它作为促进水草、藻类生长的营养。为了防止危险水色的发生，应对水质养护与改良的细节进行防控。

3.3.6 保证氧源、消除隐患和防抗应激

3.3.6.1 整个养殖过程确保溶氧充足

增氧机的真正作用是推动水体循环，活络水体，把水草和藻类所产的溶氧通过水流循环载入塘底，增加塘底溶氧量，将底层的有机物进行生物合成转化为营养盐类通过水流循环供水草和藻类吸收，促进水草和藻类的生长，还可将底层有害的物质通过水体循环交换至水层表面释放挥发。增氧机本身只是将空气中少量的氧气导入水体，但不是主要的氧源。

水质的调控管理，适时适当使用合适的肥料培育水草和稳定藻相，如苗期的时候，注重"肥水培藻，保健养苗"；中后期的时候注意修复水草，防止水草根部腐烂、霉变。在巡塘的时候，观察蟹的健康情况，同时也应该观察水草和藻相是否正常。如果水体悬浮物多，增氧机开处无泡沫等情况都必须及时采取相应的措施进行处理。

3.3.6.2 缓解和消除健康隐患

缓解和消除养殖动物因激素类、氯系、消毒剂、抗生素、杀虫药、有害藻类、饲料霉变以及各种农药造成的应激反应和中毒反应。最终起到净

化水质、底质，消除养殖对象因重金属离子超标及各种毒害而导致的肝胰腺坏死、肝脏肿大、败血、黄鳃、黑鳃、烂鳃的作用。因此，为消除养殖的健康隐患，建议养殖户定期降解养殖水体和底质的重金属毒性，并经常排解养殖对象体内的毒素。

3.3.6.3　高度警惕，防抗应激

防抗应激，对水草、藻相和河蟹都很重要。水草、藻相应激死亡，水环境发生变化，河蟹马上会连带应激，大多数的河蟹病害是因应激导致蟹活力减弱，病原体侵入养殖对象体内而引发的。水草、藻相的应激反应主要是受气候、用药、环境变化的影响而发生。为防止气候变化引起应激反应，应关注天气气象信息，消除或降低会刺激河蟹产生强应激反应的因素。

3.3.7　病害防控

河蟹在天然环境中抗病能力较强，但在池塘集约化养殖情况下，因养殖密度大，活动范围受限制，加之饲养管理方法的缺陷，容易导致蟹病发生。

3.3.7.1　引起病害的主要原因

引起病害的主要原因有：水体致病微生物或浮游动物浓度大；水中溶氧不足；水体、底质有害物质（氨、硫化氢、亚硝酸盐、甲烷、重金属）超标；底质恶化（腐败有机质过多、腥臭酸臭、底热、板结、泥皮等），有害细菌大量繁殖；水体 pH、温度或盐度不适；水体透明度太高或太低；水太浅（缓冲能力差）或水太深（容易造成底层缺氧）；气候、养殖环境突变、换水量过大产生应激导致发病；水环境交叉感染严重；用药不当（不是对症下药或用药量过少或严重过量）；食物质量差、变质或投料不当（太少或严重过剩）；种苗质量太差或严重携带病源。

3.3.7.2　河蟹疾病的预防措施

预防胜于治疗，日常预防措施内容如下。

（1）消除垂直传播的传染源，不用携带病毒的蟹做亲蟹。

（2）切断垂直传播途径，不用带病毒的蟹苗。

（3）培育健康蟹苗，即不带病毒，具有免疫力和抗体的蟹苗。

（4）彻底清塘消毒，用蓄水池、过滤池或养鱼池水换水，消除病毒的传播途径。

（5）加强水底监控和管理，要求水要肥、爽、嫩、活，各项理化指标在规定范围之内，可使用《绿色食品标准　渔药使用准则》中规定方法及用药改良水体、底质。

（6）建议低盐度和低氮方法养殖。

（7）建议采用淡水添加式养殖模式。

（8）建议采用少量多次换水方式。

（9）建议在大规模河蟹养殖中，实行统一管理，减少病毒传播。

（10）建议使用安全无药残的水体消毒剂进行水体消毒。

（11）在蟹脱壳时要注意保健，适量补充钙磷元素，保持氧气充足。

（12）选用优质加强饲料。

3.3.7.3　病害控制

（1）颤抖病（抖抖病、环腿病或痉挛病）

病因：小核糖核酸病毒，除蟹种携带病毒以外，与养蟹环境生态条件的恶化有直接关系。养殖池塘老化、水质底质恶化、水草缺乏、营养不均衡等易诱发此病；放养密度过大、规格不齐、蟹种来源不一等也是诱发此病的因素。此病发病率和死亡率都很高，是当前河蟹养殖生产中危害最严重的一种蟹病。

症状：发病初期，病蟹摄食减少甚至停食，蜕皮困难，活动能力减弱或呈昏迷状态。随着病程发展，步足爪尖变枯黄，易脱落；螯足下垂无力，连续颤抖、抽搐和痉挛，口吐泡沫，不能爬行，因此，被称为"颤抖病"、"抖抖病"或"痉挛病"。有时可见病蟹步足颤抖环起不能伸展，或撑开爪尖着地；若将步足拉直，松手后又立即缩回，故又称此病为"环腿病"或"弯爪病"。解剖蟹体，肝胰脏呈褐色或灰白色，严重时肝脏糜烂、坏死、体内积水，肌肉萎缩，鳃溃疡缺损，有的鳃丝发黑或灰色，三角膜肿胀，胃肠无食，病程从症状出现到濒死仅 2～3d。主要危害体重 100g以上的二龄蟹，当年一龄蟹发病率较低。温度在 28～33℃下流行最快，10 月后水温降至 20℃以下，该病渐为少见。

预防与治疗：一是选择健壮的蟹种进行养殖，提高蟹种的免疫力，不从疫区引入蟹种，并对蟹种进行消毒；二是坚持预防为主、防重于治、防治结合的原则，为河蟹营造好的生态环境，养殖至中后期，水质、底质严重恶化，可使用微生态制剂及其他《绿色食品　渔药使用准则》允许用药改善水质和池底；三是在保护好现有优质水草的同时，清除聚草、轮生杂草等水草，因地制宜种植轮叶黑藻、苦草等优质水草，并用健草养螺宝防止水草老化、腐烂；四是发现死蟹及时处理，并用聚维酮碘等全池泼洒，连用 2 次，预防感染；五是严重时，可使用氟苯尼考等药物进行控制。

（2）蟹上岸症（河蟹爬边上岸不下水症）

病因：鳃丝细菌感染、鳃丝长有纤毛虫、pH 忽高忽低、淡化速度过快以及在水温较高的池塘、有机质含量比较丰富的池塘、枝角类密度过大的池塘容易出现这种情况，可能是对水质不适造成的蟹苗应激反应。

症状：蟹苗由大眼幼体变态为仔蟹后或在大眼幼体阶段，在水中不吃食，爬上岸边及水草上不下水，如将其泼下水后，便会立即死于水中，现在已在全国各地普遍发生，死亡率高达 95%。

预防与治疗：一是进水前测定进水口的水质指标，水质指标波动幅度太大一定要调整后再进水；二是用聚维酮碘等全池泼洒。

（3）弧菌病

病因：河蟹在捕捞、运输及养殖过程中受伤，致使养殖环境中的致病弧菌（副溶血弧菌、溶藻弧菌、鳗弧菌等多种弧菌）从伤口侵入，从而引起疾病。

症状：被感染的幼体体色变白，活动能力减弱，多在池水的中、下层缓慢游动，摄食减少或不摄食。病蟹身体瘦弱。爬动不活泼，呈昏迷状态。观察鳃组织，有血细胞和细菌聚结成不透明的白色团块，在濒死或刚死的病蟹体内有大型的血凝块。在高倍镜下观察刚从病蟹中抽出的血淋巴，可见大量运动活泼的杆状细菌。该病发病快，死亡率高，尤其是在高温时期受感染的河蟹在 1～2d 就会死亡。这种病对河蟹幼体、幼蟹、成蟹都有很大的危害。

预防与治疗：一是饵料新鲜、清洁，投饵量适宜；二是发病时用聚维酮碘等全池泼洒；三是发现死蟹及时处理，并用聚维酮碘等全池泼洒，连用 2 次，预防感染；四是严重时，可使用氟苯尼考等药物进行控制。将抗生素按 1∶1 000 的比例混合于饵料中制成药饵，每天 2 次，连喂 3～5d。

（4）肠道水肿病

病因：嗜水气单胞菌或真菌中的毛霉菌感染，有毒物质侵害，用药过量。幼蟹至成蟹的各个阶段都可能感染此病。

症状：病蟹游动缓慢，反应迟钝，食欲不振，背甲与腹部之间肿大并开裂，步足关节水肿。解剖可见鳃腔充满黏液，肌肉有积水，胃肠膨大、水肿、肠壁透明、肛门红肿，晚期整个肠腔肿胀，最后死亡。该病流行季节在 6～8 月。细菌性的水肿，发病在夏初至中秋，即从小满至秋分前的气温较高、河蟹生长旺盛的时期；而毛霉菌病引起的水肿发病在秋分以后，即天气凉爽、河蟹成熟的时期。

预防与治疗：一是饵料新鲜、清洁，投饵量适宜；二是发病时用聚维酮碘等全池泼洒；三是发现死蟹及时处理，并用聚维酮碘等全池泼洒，连用2次，预防感染；四是严重时，可使用氟苯尼考等药物进行控制。将抗生素按1∶1 000的比例混合于饵料中制成药饵，每天2次，连喂3~5d。

（5）蟹奴病

病因：池水含盐量高，蟹奴大量繁殖寄生，幼体扩散感染所致。蟹奴是在形态上高度特化了的寄生甲壳类，寄生在河蟹的腹部，吸收河蟹的体液作为营养物质。蟹奴体呈扁平圆形，似枣状，白色。一只蟹通常有几个到十几个蟹奴寄生。蟹种易感染蟹奴而得病，往往由引种而带入内陆池塘。幼蟹至成蟹的各个阶段都可能感染此病。

症状：病蟹腹部的脐略显臃肿，揭开脐盖，可见长2~5mm，厚约1mm的多个乳白色、白色或半透明的粒状虫体寄生于附肢或胸板上。病蟹不吃食，生长迟缓，脱壳困难，切肢再生能力丧失，性腺不发育。被蟹奴严重寄生的河蟹，蟹肉发臭，不能食用，俗称"臭笼蟹"。河蟹寄生蟹奴后，不能再蜕壳，一般不能长成商品规格。

预防与治疗：一是在投放蟹种之前彻底清池，杀灭池内蟹奴幼虫；二是严格检疫，剔除患病的幼蟹；三是在蟹池中混养一定量的鲤鱼，可抑制蟹奴幼体数量；四是定期（每7~10d）用维生素、聚维酮碘等调养水质和底质，改善池塘养殖环境；五是在有发病预兆的池塘，彻底更换池水，注入新水（盐度小于1），降低池水盐度或把感染蟹奴的病蟹移至淡水中，可以控制蟹奴繁殖速度，减少蟹奴的发展扩散。

附　　录

附录1　《绿色食品　渔药使用准则》
标准制定参阅的相关国际标准

序号	国家	标准名称
1	日本	《药事法》
2	日本	《水产养殖用药指南》
3	日本	《阿片法》
4	日本	《麻醉药品控制法》
5	日本	《肯定列表》
6	日本	《联邦食品、药品和化妆品法》
7	美国	《美国药典》
8	美国	《用药指导》
9	欧盟	《欧盟兽医药品法典》 （欧洲议会和理事会指令 2001/82/EC）
10	欧盟	《巴黎罗马布鲁塞尔条约》
11	欧盟	《欧盟中央注册程序法规》 （Regulation 2309/93/EC）
12	欧盟	《欧盟动物性食品中兽药最高残留限量的共同程序》 （Regulation 2377/90/EEC）
13	欧盟	《监控活动物体内和动物产品中某些物质和残留的措施》 （欧洲理事会指令 96/23/EC）
14	欧盟	《欧盟饲料添加剂指令》 （Directive 70/524/EEC）

附录2　中华人民共和国农业部公告

第 176 号

　　为加强饲料、兽药和人用药品管理，防止在饲料生产、经营、使用和动物饮用水中超范围、超剂量使用兽药和饲料添加剂，杜绝滥用违禁药品的行为，根据《饲料和饲料添加剂管理条例》、《兽药管理条例》、《药品管理法》的有关规定，现公布《禁止在饲料和动物饮用水中使用的药物品种目录》，并就有关事项公告如下：

　　一、凡生产、经营和使用的营养性饲料添加剂和一般饲料添加剂，均应属于《允许使用的饲料添加剂品种目录》（农业部第 105 号公告）中规定的品种及经审批公布的新饲料添加剂，生产饲料添加剂的企业需办理生产许可证和产品批准文号，新饲料添加剂需办理新饲料添加剂证书，经营企业必须按照《饲料和饲料添加剂管理条例》第十六条、第十七条、第十八条的规定从事经营活动，不得经营和使用未经批准生产的饲料添加剂。

　　二、凡生产含有药物饲料添加剂的饲料产品，必须严格执行《饲料药物添加剂使用规范》（农业部 168 号公告，以下简称《规范》）的规定，不得添加《规范》附录二中的饲料药物添加剂。凡生产含有《规范》附录一中的饲料药物添加剂的饲料产品，必须执行《饲料标签》标准的规定。

　　三、凡在饲养过程中使用药物饲料添加剂，需按照《规范》规定执行，不得超范围、超剂量使用药物饲料添加剂。使用药物饲料添加剂必须遵守休药期、配伍禁忌等有关规定。

　　四、人用药品的生产、销售必须遵守《药品管理法》及相关法规的规定。未办理兽药、饲料添加剂审批手续的人用药品，不得直接用于饲料生产和饲养过程。

　　五、生产、销售《禁止在饲料和动物饮用水中使用的药物品种目录》所列品种的医药企业或个人，违反《药品管理法》第四十八条规定，向饲料企业和养殖企业（或个人）销售的，由药品监督管理部门按照《药品管理法》第七十四条的规定给予处罚；生产、销售《禁止在饲料和动物饮用水中使用的药物品种目录》所列品种的兽药企业或个人，向饲料企业销售的，由兽药行政管理部门按照《兽药管理条例》第四十二条的规定给予处罚；违反《饲料和饲料添加剂管理条例》第十七条、第十八条、第十九条规定，生产、经营、使用《禁止在饲料和动物饮用水中使用的药物品种目录》所列品种的饲料和饲料添加剂生产企业或个人，由饲料管理部门按照《饲料和饲料添加剂管理条例》第二十五条、第二十八条、第二十九条的规定给予处罚。其他单位和个人生产、经营、使用《禁止在饲料和动物饮用水中使用的药物品种目录》所列品种，用于饲料生产和饲养过程中的，上述有关部门按照谁发现谁查处的原则，依据各自法律法规予以处罚；构成犯罪的，要移送司法机关，依法追究刑事责任。

六、各级饲料、兽药、食品和药品监督管理部门要密切配合，协同行动，加大对饲料生产、经营、使用和动物饮用水中非法使用违禁药物违法行为的打击力度。要加快制定并完善饲料安全标准及检测方法、动物产品有毒有害物质残留标准及检测方法，为行政执法提供技术依据。

七、各级饲料、兽药和药品监督管理部门要进一步加强新闻宣传和科普教育。要将查处饲料和饲养过程中非法使用违禁药物列为宣传工作重点，充分利用各种新闻媒体宣传饲料、兽药和人用药品的管理法规，追踪大案要案，普及饲料、饲养和安全使用兽药知识，努力提高社会各方面对兽药使用管理重要性的认识，为降低药物残留危害，保证动物性食品安全创造良好的外部环境。

中华人民共和国农业部
中华人民共和国卫生部
国家药品监督管理局
二○○二年二月九日

附件：

禁止在饲料和动物饮用水中使用的药物品种目录

一、肾上腺素受体激动剂

1. 盐酸克仑特罗（Clenbuterol Hydrochloride）：中华人民共和国药典（以下简称药典）2000年二部 P605。β2肾上腺素受体激动药。

2. 沙丁胺醇（Salbutamol）：药典2000年二部 P316。β2肾上腺素受体激动药。

3. 硫酸沙丁胺醇（Salbutamol Sulfate）：药典 2000 年二部 P870。β2 肾上腺素受体激动药。

4. 莱克多巴胺（Ractopamine）：一种 β 兴奋剂，美国食品和药物管理局（FDA）已批准，中国未批准。

5. 盐酸多巴胺（Dopamine Hydrochloride）：药典 2000 年二部 P591。多巴胺受体激动药。

6. 西马特罗（Cimaterol）：美国氰胺公司开发的产品，一种 β 兴奋剂，FDA 未批准。

7. 硫酸特布他林（Terbutaline Sulfate）：药典 2000 年二部 P890。β2 肾上腺受体激动药。

二、性激素

8. 己烯雌酚（Diethylstibestrol）：药典 2000 年二部 P42。雌激素类药。

9. 雌二醇（Estradiol）：药典 2000 年二部 P1005。雌激素类药。

10. 戊酸雌二醇（Estradiol Valerate）：药典 2000 年二部 P124。雌激素类药。

11. 苯甲酸雌二醇（Estradiol Benzoate）：药典 2000 年二部 P369。雌激素类药。中华人民共和国兽药典（以下简称兽药典）2000 年版一部 P109。雌激素类药。用于发情不明显动物的催情及胎衣滞留、死胎的排除。

12. 氯烯雌醚（Chlorotrianisene）药典 2000 年二部 P919。

13. 炔诺醇（Ethinylestradiol）药典 2000 年二部 P422。

14. 炔诺醚（Quinestrol）药典 2000 年二部 P424。

15. 醋酸氯地孕酮（Chlormadinone acetate）药典 2000 年二部 P1037。

16. 左炔诺孕酮（Levonorgestrel）药典 2000 年二部 P107。

17. 炔诺酮（Norethisterone）药典 2000 年二部 P420。

18. 绒毛膜促性腺激素（绒促性素）（Chorionic Gonadotrophin）：药典 2000 年二部 P534。促性腺激素药。兽药典 2000 年版一部 P146。激素类药。用于性功能障碍、习惯性流产及卵巢囊肿等。

19. 促卵泡生长激素（尿促性素主要含卵泡刺激 FSHT 和黄体生成素 LH）（Menotropins）：药典 2000 年二部 P321。促性腺激素类药。

三、蛋白同化激素

20. 碘化酪蛋白（Iodinated Casein）：蛋白同化激素类，为甲状腺素

的前驱物质，具有类似甲状腺素的生理作用。

21. 苯丙酸诺龙及苯丙酸诺龙注射液（Nandrolone phenylpropionate）药典 2000 年二部 P365。

四、精神药品

22. （盐酸）氯丙嗪（Chlorpromazine Hydrochloride）：药典 2000 年二部 P676。抗精神病药。兽药典 2000 年版一部 P177。镇静药。用于强化麻醉以及使动物安静等。

23. 盐酸异丙嗪（Promethazine Hydrochloride）：药典 2000 年二部 P602。抗组胺药。兽药典 2000 年版一部 P164。抗组胺药。用于变态反应性疾病，如荨麻疹、血清病等。

24. 安定（地西泮）（Diazepam）：药典 2000 年二部 P214。抗焦虑药、抗惊厥药。兽药典 2000 年版一部 P61。镇静药、抗惊厥药。

25. 苯巴比妥（Phenobarbital）：药典 2000 年二部 P362。镇静催眠药、抗惊厥药。兽药典 2000 年版一部 P103。巴比妥类药。缓解脑炎、破伤风、士的宁中毒所致的惊厥。

26. 苯巴比妥钠（Phenobarbital Sodium）。兽药典 2000 年版一部 P105。巴比妥类药。缓解脑炎、破伤风、士的宁中毒所致的惊厥。

27. 巴比妥（Barbital）：兽药典 2000 年版一部 P27。中枢抑制和增强解热镇痛。

28. 异戊巴比妥（Amobarbital）：药典 2000 年二部 P252。催眠药、抗惊厥药。

29. 异戊巴比妥钠（Amobarbital Sodium）：兽药典 2000 年版一部 P82。巴比妥类药。用于小动物的镇静、抗惊厥和麻醉。

30. 利血平（Reserpine）：药典 2000 年二部 P304。抗高血压药。

31. 艾司唑仑（Estazolam）。

32. 甲丙氨脂（Meprobamate）。

33. 咪达唑仑（Midazolam）。

34. 硝西泮（Nitrazepam）。

35. 奥沙西泮（Oxazepam）。

36. 匹莫林（Pemoline）。

37. 三唑仑（Triazolam）。

38. 唑吡旦（Zolpidem）。

39. 其他国家管制的精神药品。

五、各种抗生素滤渣

40. 抗生素滤渣：该类物质是抗生素类产品生产过程中产生的工业三废，因含有微量抗生素成分，在饲料和饲养过程中使用后对动物有一定的促生长作用。但对养殖业的危害很大，一是容易引起耐药性，二是由于未做安全性试验，存在各种安全隐患。

附录 3　中华人民共和国农业部公告

第 193 号

为保证动物源性食品安全，维护人民身体健康，根据《兽药管理条例》的规定，我部制定了《食品动物禁用的兽药及其他化合物清单》（以下简称《禁用清单》），现公告如下：

一、《禁用清单》序号 1 至 18 所列品种的原料药及其单方、复方制剂产品停止生产，已在兽药国家标准、农业部专业标准及兽药地方标准中收载的品种，废止其质量标准，撤销其产品批准文号；已在我国注册登记的进口兽药，废止其进口兽药质量标准，注销其《进口兽药登记许可证》。

二、截至 2002 年 5 月 15 日，《禁用清单》序号 1 至 18 所列品种的原料药及其单方、复方制剂产品停止经营和使用。

三、《禁用清单》序号 19 至 21 所列品种的原料药及其单方、复方制剂产品不准以抗应激、提高饲料报酬、促进动物生长为目的在食品动物饲养过程中使用。

食品动物禁用的兽药及其他化合物清单

序号	兽药及其他化合物名称	禁止用途	禁用动物
1	β-兴奋剂类：克仑特罗 Clenbuterol、沙丁胺醇 Salbutamol、西马特罗 Cimaterol 及其盐、酯及制剂	所有用途	所有食品动物
2	性激素类：己烯雌酚 Diethylstilbestrol 及其盐、酯及制剂	所有用途	所有食品动物
3	具有雌激素样作用的物质：玉米赤霉醇 Zeranol、去甲雄三烯醇酮 Trenbolone、醋酸甲孕酮 Megestrol Acetate 及制剂	所有用途	所有食品动物

（续）

序号	兽药及其他化合物名称	禁止用途	禁用动物
4	氯霉素 Chloramphenicol 及其盐、酯（包括：琥珀氯霉素 Chloramphenicol Succinate）及制剂	所有用途	所有食品动物
5	氨苯砜 Dapsone 及制剂	所有用途	所有食品动物
6	硝基呋喃类：呋喃唑酮 Furazolidone、呋喃它酮 Furaltadone、呋喃苯烯酸钠 Nifurstyrenate sodium 及制剂	所有用途	所有食品动物
7	硝基化合物：硝基酚钠 Sodium nitrophenolate、硝呋烯腙 Nitrovin 及制剂	所有用途	所有食品动物
8	催眠、镇静类：安眠酮 Methaqualone 及制剂	所有用途	所有食品动物
9	林丹（丙体六六六）Lindane	杀虫剂	所有食品动物
10	毒杀芬（氯化烯）Camahechlor	杀虫剂、清塘剂	所有食品动物
11	呋喃丹（克百威）Carbofuran	杀虫剂	所有食品动物
12	杀虫脒（克死螨）Chlordimeform	杀虫剂	所有食品动物
13	双甲脒 Amitraz	杀虫剂	水生食品动物
14	酒石酸锑钾 Antimony potassium tartrate	杀虫剂	所有食品动物
15	锥虫胂胺 Tryparsamide	杀虫剂	所有食品动物
16	孔雀石绿 Malachite green	抗菌、杀虫剂	所有食品动物
17	五氯酚酸钠 Pentachlorophenol sodium	杀螺剂	所有食品动物
18	各种汞制剂包括：氯化亚汞（甘汞）Calomel，硝酸亚汞 Mercurous nitrate、醋酸汞 Mercurous acetate、吡啶基醋酸汞 Pyridyl mercurous acetate	杀虫剂	所有食品动物
19	性激素类：甲基睾丸酮 Methyltestosterone、丙酸睾酮 Testosterone Propionate、苯丙酸诺龙 Nandrolone Phenylpropionate、苯甲酸雌二醇 Estradiol Benzoate 及其盐、酯及制剂	促生长	所有食品动物
20	催眠、镇静类：氯丙嗪 Chlorpromazine、地西泮（安定）Diazepam 及其盐、酯及制剂	促生长	所有食品动物
21	硝基咪唑类：甲硝唑 Metronidazole、地美硝唑 Dimetronidazole 及其盐、酯及制剂	促生长	所有食品动物

注：食品动物是指各种供人食用或其产品供人食用的动物。

二〇〇二年四月九日

附录4　中华人民共和国农业部公告

第 235 号

为加强兽药残留监控工作，保证动物性食品卫生安全，根据《兽药管理条例》规定，我部组织修订了《动物性食品中兽药最高残留限量》，现予发布，请各地遵照执行。自发布之日起，原发布的《动物性食品中兽药最高残留限量》（农牧发〔1999〕17 号）同时废止。

附件：动物性食品中兽药最高残留限量注释

动物性食品中兽药最高残留限量由附表 1、附表 2、附表 3、附表 4组成。

1. 凡农业部批准使用的兽药，按质量标准、产品使用说明书规定用于食品动物，不需要制定最高残留限量的，见附表 1。

2. 凡农业部批准使用的兽药，按质量标准、产品使用说明书规定用于食品动物，需要制定最高残留限量的，见附表 2。

3. 凡农业部批准使用的兽药，按质量标准、产品使用说明书规定可以用于食品动物，但不得检出兽药残留的，见附表 3。

4. 农业部明文规定禁止用于所有食品动物的兽药，见附表 4。

二〇〇二年十二月二十四日

附表 1　动物性食品允许使用，但不需要制定残留限量的药物

药物名称	动物种类	其他规定
Acetylsalicylic acid 乙酰水杨酸	牛、猪、鸡	产奶牛禁用 产蛋鸡禁用
Aluminium hydroxide 氢氧化铝	所有食品动物	

（续）

药物名称	动物种类	其他规定
Amitraz 双甲脒	牛、羊、猪	仅指肌肉中不需要限量
Amprolium 氨丙啉	家禽	仅作口服用
Apramycin 安普霉素	猪、兔 山羊 鸡	仅作口服用 产奶羊禁用 产蛋鸡禁用
Atropine 阿托品	所有食品动物	
Azamethiphos 甲基吡啶磷	鱼	
Betaine 甜菜碱	所有食品动物	
Bismuth subcarbonate 碱式碳酸铋	所有食品动物	仅作口服用
Bismuth subnitrate 碱式硝酸铋	所有食品动物	仅作口服用
Bismuth subnitrate 碱式硝酸铋	牛	仅乳房内注射用
Boric acid and borates 硼酸及其盐	所有食品动物	
Caffeine 咖啡因	所有食品动物	
Calcium borogluconate 硼葡萄糖酸钙	所有食品动物	
Calcium carbonate 碳酸钙	所有食品动物	
Calcium chloride 氯化钙	所有食品动物	
Calcium gluconate 葡萄糖酸钙	所有食品动物	

（续）

药物名称	动物种类	其他规定
Calcium phosphate 磷酸钙	所有食品动物	
Calcium sulphate 硫酸钙	所有食品动物	
Calcium pantothenate 泛酸钙	所有食品动物	
Camphor 樟脑	所有食品动物	仅作外用
Chlorhexidine 氯己定	所有食品动物	仅作外用
Choline 胆碱	所有食品动物	
Cloprostenol 氯前列醇	牛、猪、马	
Decoquinate 癸氧喹酯	牛、山羊	仅口服用，产奶动物禁用
Diclazuril 地克珠利	山羊	羔羊口服用
Epinephrine 肾上腺素	所有食品动物	
Ergometrine maleate 马来酸麦角新碱	所有哺乳类食品动物	仅用于临产动物
Ethanol 乙醇	所有食品动物	仅作赋型剂用
Ferrous sulphate 硫酸亚铁	所有食品动物	
Flumethrin 氟氯苯氰菊酯	蜜蜂	蜂蜜
Folic acid 叶酸	所有食品动物	

（续）

药物名称	动物种类	其他规定
Follicle stimulating hormone（natural FSH from all species and their synthetic analogues） 促卵泡激素（各种动物天然 FSH 及其化学合成类似物）	所有食品动物	
Formaldehyde 甲醛	所有食品动物	
Glutaraldehyde 戊二醛	所有食品动物	
Gonadotrophin releasing hormone 垂体促性腺激素释放激素	所有食品动物	
Human chorion gonadotrophin 绒促性素	所有食品动物	
Hydrochloric acid 盐酸	所有食品动物	仅作赋型剂用
Hydrocortisone 氢化可的松	所有食品动物	仅作外用
Hydrogen peroxide 过氧化氢	所有食品动物	
Iodine and iodine inorganic compounds including： 碘和碘无机化合物包括：		
—Sodium and potassium-iodide 碘化钠和钾	所有食品动物	
—Sodium and potassium-iodate 碘酸钠和钾	所有食品动物	
Iodophors including： 碘附包括：		
—polyvinylpyrrolidone-iodine 聚乙烯吡咯烷酮碘	所有食品动物	
Iodine organic compounds： 碘有机化合物：		

（续）

药物名称	动物种类	其他规定
—Iodoform 碘仿	所有食品动物	
Iron dextran 右旋糖酐铁	所有食品动物	
Ketamine 氯胺酮	所有食品动物	
Lactic acid 乳酸	所有食品动物	
Lidocaine 利多卡因	马	仅作局部麻醉用
Luteinising hormone（natural LH from all species and their synthetic analogues） 促黄体激素（各种动物天然 FSH 及其化学合成类似物）	所有食品动物	
Magnesium chloride 氯化镁	所有食品动物	
Mannitol 甘露醇	所有食品动物	
Menadione 甲萘醌	所有食品动物	
Neostigmine 新斯的明	所有食品动物	
Oxytocin 缩宫素	所有食品动物	
Paracetamol 对乙酰氨基酚	猪	仅作口服用
Pepsin 胃蛋白酶	所有食品动物	
Phenol 苯酚	所有食品动物	
Piperazine 哌嗪	鸡	除蛋外所有组织

（续）

药物名称	动物种类	其他规定
Polyethylene glycols（molecular weight ranging from 200 to 10 000） 聚乙二醇（分子量范围从 200 到 10 000）	所有食品动物	
Polysorbate 80 吐温－80	所有食品动物	
Praziquantel 吡喹酮	绵羊、马、山羊	仅用于非泌乳绵羊
Procaine 普鲁卡因	所有食品动物	
Pyrantel embonate 双羟萘酸噻嘧啶	马	
Salicylic acid 水杨酸	除鱼外所有食品动物	仅作外用
Sodium Bromide 溴化钠	所有哺乳类食品动物	仅作外用
Sodium chloride 氯化钠	所有食品动物	
Sodium pyrosulphite 焦亚硫酸钠	所有食品动物	
Sodium salicylate 水杨酸钠	除鱼外所有食品动物	仅作外用
Sodium selenite 亚硒酸钠	所有食品动物	
Sodium stearate 硬脂酸钠	所有食品动物	
Sodium thiosulphate 硫代硫酸钠	所有食品动物	
Sorbitan trioleate 脱水山梨醇三油酸酯（司盘 85）	所有食品动物	
Strychnine 士的宁	牛	仅作口服用剂量最大 0.1mg/kg 体重

（续）

药物名称	动物种类	其他规定
Sulfogaiacol 愈创木酚磺酸钾	所有食品动物	
Sulphur 硫黄	牛、猪、山羊、绵羊、马	
Tetracaine 丁卡因	所有食品动物	仅作麻醉剂用
Thiomersal 硫柳汞	所有食品动物	多剂量疫苗中作防腐剂使用，浓度最大不得超过 0.02 %
Thiopental sodium 硫喷妥钠	所有食品动物	仅作静脉注射用
Vitamin A 维生素 A	所有食品动物	
Vitamin B$_1$ 维生素 B$_1$	所有食品动物	
Vitamin B$_{12}$ 维生素 B$_{12}$	所有食品动物	
Vitamin B$_2$ 维生素 B$_2$	所有食品动物	
Vitamin B$_6$ 维生素 B$_6$	所有食品动物	
Vitamin D 维生素 D	所有食品动物	
Vitamin E 维生素 E	所有食品动物	
Xylazine hydrochloride 盐酸塞拉嗪	牛、马	产奶动物禁用
Zinc oxide 氧化锌	所有食品动物	
Zinc sulphate 硫酸锌	所有食品动物	

附表2 已批准的动物性食品中最高残留限量规定

药物名	标志残留物	动物种类	靶组织	残留限量
阿灭丁（阿维菌素） Abamectin ADI：0～2	Avermectin B_{1a}	牛（泌乳期禁用）	脂肪	100
			肝	100
			肾	50
		羊（泌乳期禁用）	肌肉	25
			脂肪	50
			肝	25
			肾	20
乙酰异戊酰泰乐菌素 Acetylisovaleryltylosin ADI：0～1.02	总 Acetylisovaleryltylosin 和3-O-乙酰泰乐 菌素	猪	肌肉	50
			皮+脂肪	50
			肝	50
			肾	50
阿苯达唑 Albendazole ADI：0～50	Albendazole+ $ABZSO_2$+ABZSO+ $ABZNH_2$	牛、羊	肌肉	100
			脂肪	100
			肝	5 000
			肾	5 000
			奶	100
双甲脒 Amitraz ADI：0～3	Amitraz＋2,4- DMA的总量	牛	脂肪	200
			肝	200
			肾	200
			奶	10
		羊	脂肪	400
			肝	100
			肾	200
			奶	10
		猪	皮+脂	400
			肝	200
			肾	200
		禽	肌肉	10
			脂肪	10
			副产品	50
		蜜蜂	蜂蜜	200
阿莫西林 Amoxicillin	Amoxicillin	所有食品动物	肌肉	50
			脂肪	50
			肝	50
			肾	50
			奶	10

（续）

药物名	标志残留物	动物种类	靶组织	残留限量
氨苄西林 Ampicillin	Ampicillin	所有食品动物	肌肉 脂肪 肝 肾 奶	50 50 50 50 10
氨丙啉 Amprolium ADI：0～100	Amprolium	牛	肌肉 脂肪 肝 肾	500 2 000 500 500
安普霉素 Apramycin ADI：0～40	Apramycin	猪	肾	100
阿散酸/洛克沙胂 Arsanilic acid/Roxarsone	总砷计 Arsenic	猪 鸡、火鸡	肌肉 肝 肾 副产品 肌肉 副产品 蛋	500 2 000 2 000 500 500 500 500
氮哌酮 Azaperone ADI：0～0.8	Azaperone ＋ Aza-perol	猪	肌肉 皮＋脂肪 肝 肾	60 60 100 100
杆菌肽 Bacitracin ADI：0～3.9	Bacitracin	牛、猪、禽 牛（乳房注射） 禽	可食组织 奶 蛋	500 500 500
苄星青霉素/普鲁卡因青霉素 Benzylpenicillin/ Proc-aine benzylpenicillin ADI：0～30μg/人/天	Benzylpenicillin	所有食品动物	肌肉 脂肪 肝 肾 奶	50 50 50 50 4
倍他米松 Betamethasone ADI：0～0.015	Betamethasone	牛、猪 牛	肌肉 肝 肾 奶	0.75 2.0 0.75 0.3

（续）

药物名	标志残留物	动物种类	靶组织	残留限量
头孢氨苄 Cefalexin ADI：0～54.4	Cefalexin	牛	肌肉 脂肪 肝 肾 奶	200 200 200 1 000 100
头孢喹肟 Cefquinome ADI：0～3.8	Cefquinome	牛 猪	肌肉 脂肪 肝 肾 奶 肌肉 皮＋脂 肝 肾	50 50 100 200 20 50 50 100 200
头孢噻呋 Ceftiofur ADI：0～50	Desfuroylceftiofur	牛、猪 牛	肌肉 脂肪 肝 肾 奶	1 000 2 000 2 000 6 000 100
克拉维酸 Clavulanic acid ADI：0～16	Clavulanic acid	牛、羊 牛、羊、猪	奶 肌肉 脂肪 肝 肾	200 100 100 200 400
氯羟吡啶 Clopidol	Clopidol	牛、羊 猪 鸡、火鸡	肌肉 肝 肾 奶 可食组织 肌肉 肝 肾	200 1 500 3 000 20 200 5 000 15 000 15 000

（续）

药物名	标志残留物	动物种类	靶组织	残留限量
氯氰碘柳胺 Closantel ADI：0～30	Closantel	牛	肌肉	1 000
			脂肪	3 000
			肝	1 000
			肾	3 000
		羊	肌肉	1 500
			脂肪	2 000
			肝	1 500
			肾	5 000
氯唑西林 Cloxacillin	Cloxacillin	所有食品动物	肌肉	300
			脂肪	300
			肝	300
			肾	300
			奶	30
粘菌素 Colistin ADI：0～5	Colistin	牛、羊	奶	50
		牛、羊、猪、鸡、兔	肌肉	150
			脂肪	150
			肝	150
			肾	200
		鸡	蛋	300
蝇毒磷 Coumaphos ADI：0～0.25	Coumaphos 和氧化物	蜜蜂	蜂蜜	100
环丙氨嗪 Cyromazine ADI：0～20	Cyromazine	羊	肌肉	300
			脂肪	300
			肝	300
			肾	300
		禽	肌肉	50
			脂肪	50
			副产品	50

（续）

药物名	标志残留物	动物种类	靶组织	残留限量
达氟沙星 Danofloxacin ADI：0～20	Danofloxacin	牛、绵羊、山羊	肌肉	200
			脂肪	100
			肝	400
			肾	400
			奶	30
		家禽	肌肉	200
			皮＋脂	100
			肝	400
			肾	400
		其他动物	肌肉	100
			脂肪	50
			肝	200
			肾	200
癸氧喹酯 Decoquinate ADI：0～75	Decoquinate	鸡	皮＋肉	1 000
			可食组织	2 000
溴氰菊酯 Deltamethrin ADI：0～10	Deltamethrin	牛、羊	肌肉	30
			脂肪	500
			肝	50
			肾	50
		牛	奶	30
		鸡	肌肉	30
			皮＋脂	500
			肝	50
			肾	50
			蛋	30
		鱼	肌肉	30
越霉素 A Destomycin A	Destomycin A	猪、鸡	可食组织	2 000
地塞米松 Dexamethasone ADI：0～0.015	Dexamethasone	牛、猪、马	肌肉	0.75
			肝	2
			肾	0.75
		牛	奶	0.3
二嗪农 Diazinon ADI：0～2	Diazinon	牛、羊	奶	20
		牛、猪、羊	肌肉	20
			脂肪	700
			肝	20
			肾	20

（续）

药物名	标志残留物	动物种类	靶组织	残留限量
敌敌畏 Dichlorvos ADI：0～4	Dichlorvos	牛、羊、马	肌肉	20
			脂肪	20
			副产品	20
		猪	肌肉	100
			脂肪	100
			副产品	200
		鸡	肌肉	50
			脂肪	50
			副产品	50
地克珠利 Diclazuril ADI：0～30	Diclazuril	绵羊、禽、兔	肌肉	500
			脂肪	1 000
			肝	3 000
			肾	2 000
二氟沙星 Difloxacin ADI：0～10	Difloxacin	牛、羊	肌肉	400
			脂	100
			肝	1 400
			肾	800
		猪	肌肉	400
			皮+脂	100
			肝	800
			肾	800
		家禽	肌肉	300
			皮+脂	400
			肝	1 900
			肾	600
		其他	肌肉	300
			脂肪	100
			肝	800
			肾	600
三氮脒 Diminazine ADI：0～100	Diminazine	牛	肌肉	500
			肝	12 000
			肾	6 000
			奶	150

（续）

药物名	标志残留物	动物种类	靶组织	残留限量
多拉菌素 Doramectin ADI：0～0.5	Doramectin	牛（泌乳牛禁用）	肌肉	10
			脂肪	150
			肝	100
			肾	30
		猪、羊、鹿	肌肉	20
			脂肪	100
			肝	50
			肾	30
多西环素 Doxycycline ADI：0～3	Doxycycline	牛（泌乳牛禁用）	肌肉	100
			肝	300
			肾	600
		猪	肌肉	100
			皮＋脂	300
			肝	300
			肾	600
		禽（产蛋鸡禁用）	肌肉	100
			皮＋脂	300
			肝	300
			肾	600
恩诺沙星 Enrofloxacin ADI：0～2	Enrofloxacin ＋ Ciprofloxacin	牛、羊	肌肉	100
			脂肪	100
			肝	300
			肾	200
		牛、羊	奶	100
		猪、兔	肌肉	100
			脂肪	100
			肝	200
			肾	300
		禽（产蛋鸡禁用）	肌肉	100
			皮＋脂	100
			肝	200
			肾	300
		其他动物	肌肉	100
			脂肪	100
			肝	200
			肾	200

（续）

药物名	标志残留物	动物种类	靶组织	残留限量
红霉素 Erythromycin ADI：0～5	Erythromycin	所有食品动物	肌肉 脂肪 肝 肾 奶 蛋	200 200 200 200 40 150
乙氧酰胺苯甲酯 Ethopabate	Ethopabate	禽	肌肉 肝 肾	500 1 500 1 500
苯硫氨酯 Fenbantel 芬苯达唑 Fenbendazole 奥芬达唑 Oxfendazole ADI：0～7	可提取的 Oxfendazole sul- phone	牛、马、猪、羊 牛、羊	肌肉 脂肪 肝 肾 奶	100 100 500 100 100
倍硫磷 Fenthion	Fenthion & metabolites	牛、猪、禽	肌肉 脂肪 副产品	100 100 100
氰戊菊酯 Fenvalerate ADI：0～20	Fenvalerate	牛、羊、猪 牛	肌肉 脂肪 副产品 奶	1 000 1 000 20 100
氟苯尼考 Florfenicol ADI：0～3	Florfenicol-amine	牛、羊（泌乳期禁 用） 猪 家禽（产蛋禁用） 鱼 其他动物	肌肉 肝 肾 肌肉 皮＋脂 肝 肾 肌肉 皮＋脂 肝 肾 肌肉＋皮 肌肉 脂肪 肝 肾	200 3 000 300 300 500 2 000 500 100 200 2 500 750 1 000 100 200 2 000 300

（续）

药物名	标志残留物	动物种类	靶组织	残留限量
氟苯咪唑 Flubendazole ADI：0～12	Flubendazole ＋2 - amino 1H - benzimidazol - 5 - yl -（4 - fluorophenyl）methanone	猪 禽 	肌肉 肝 肌肉 肝 蛋	10 10 200 500 400
醋酸氟孕酮 Flugestone Acetate ADI：0～0.03	Flugestone Acetate	羊	奶	1
氟甲喹 Flumequine ADI：0～30	Flumequine	牛、羊、猪 鱼 鸡	肌肉 脂肪 肝 肾 奶 肌肉＋皮 肌肉 皮＋脂 肝 肾	500 1 000 500 3 000 50 500 500 1 000 500 3 000
氟氯苯氰菊酯 Flumethrin ADI：0～1.8	Flumethrin（sum of trans - Z - isomers）	牛 羊（产奶期禁用） 	肌肉 脂肪 肝 肾 奶 肌肉 脂肪 肝 肾	10 150 20 10 30 10 150 20 10
氟胺氰菊酯 Fluvalinate	Fluvalinate	所有动物 蜜蜂	肌肉 脂肪 副产品 蜂蜜	10 10 10 50
庆大霉素 Gentamycin ADI：0～20	Gentamycin	牛、猪 牛 鸡、火鸡	肌肉 脂肪 肝 肾 奶 可食组织	100 100 2 000 5 000 200 100

（续）

药物名	标志残留物	动物种类	靶组织	残留限量
氢溴酸常山酮 Halofuginone hydro- bromide ADI：0～0.3	Halofuginone	牛	肌肉 脂肪 肝 肾	10 25 30 30
		鸡、火鸡	肌肉 皮+脂 肝	100 200 130
氮氨菲啶 Isometamidium ADI：0～100	Isometamidium	牛	肌肉 脂肪 肝 肾 奶	100 100 500 1 000 100
伊维菌素 Ivermectin ADI：0～1	22，23 - Dihydro - avermectin B1a	牛	肌肉 脂肪 肝 奶	10 40 100 10
		猪、羊	肌肉 脂肪 肝	20 20 15
吉他霉素 Kitasamycin	Kitasamycin	猪、禽	肌肉 肝 肾	200 200 200
拉沙洛菌素 Lasalocid	Lasalocid	牛 鸡	肝 皮+脂 肝	700 1 200 400
		火鸡	皮+脂 肝	400 400
		羊 兔	肝 肝	1 000 700
左旋咪唑 Levamisole ADI：0～6	Levamisole	牛、羊、猪、禽	肌肉 脂肪 肝 肾	10 10 100 10

（续）

药物名	标志残留物	动物种类	靶组织	残留限量
林可霉素 Lincomycin ADI：0～30	Lincomycin	牛、羊、猪、禽	肌肉	100
			脂肪	100
			肝	500
			肾	1 500
		牛、羊	奶	150
		鸡	蛋	50
马杜霉素 Maduramicin	Maduramicin	鸡	肌肉	240
			脂肪	480
			皮	480
			肝	720
马拉硫磷 Malathion	Malathion	牛、羊、猪、禽、马	肌肉	4 000
			脂肪	4 000
			副产品	4 000
甲苯咪唑 Mebendazole ADI：0～12.5	Mebendazole 等效物	羊、马 （产奶期禁用）	肌肉	60
			脂肪	60
			肝	400
			肾	60
安乃近 Metamizole ADI：0～10	4-氨甲基-安替 比林	牛、猪、马	肌肉	200
			脂肪	200
			肝	200
			肾	200
莫能菌素 Monensin	Monensin	牛、羊	可食组织	50
		鸡、火鸡	肌肉	1 500
			皮＋脂	3 000
			肝	4 500
甲基盐霉素 Narasin	Narasin	鸡	肌肉	600
			皮＋脂	1 200
			肝	1 800
新霉素 Neomycin ADI：0～60	Neomycin B	牛、羊、猪、鸡、 火鸡、鸭	肌肉	500
			脂肪	500
			肝	500
			肾	10 000
		牛、羊	奶	500
		鸡	蛋	500

（续）

药物名	标志残留物	动物种类	靶组织	残留限量
尼卡巴嗪 Nicarbazin ADI：0～400	N，N′-bis-（4-ni-trophenyl）urea	鸡	肌肉 皮、脂 肝 肾	200 200 200 200
硝碘酚腈 Nitroxinil ADI：0～5	Nitroxinil	牛、羊	肌肉 脂肪 肝 肾	400 200 20 400
喹乙醇 Olaquindox	［3-甲基喹啉-2-羧酸（MQCA）］	猪	肌肉 肝	4 50
苯唑西林 Oxacillin	Oxacillin	所有食品动物	肌肉 脂肪 肝 肾 奶	300 300 300 300 30
丙氧苯咪唑 Oxibendazole ADI：0～60	Oxibendazole	猪	肌肉 皮＋脂 肝 肾	100 500 200 100
噁喹酸 Oxolinic acid ADI：0～2.5	Oxolinic acid	牛、猪、鸡 鸡 鱼	肌肉 脂肪 肝 肾 蛋 肌肉＋皮	100 50 150 150 50 300
土霉素/金霉素/四环素 Oxytetracycline/Chlo-rtetracycline/Tetracycline ADI：0～30	Parent drug，单个或复合物	所有食品动物 牛、羊 禽 鱼、虾	肌肉 肝 肾 奶 蛋 肉	100 300 600 100 200 100

（续）

药物名	标志残留物	动物种类	靶组织	残留限量
辛硫磷 Phoxim ADI：0～4	Phoxim	牛、猪、羊	肌肉	50
			脂肪	400
			肝	50
			肾	50
		牛	奶	10
哌嗪 Piperazine ADI：0～250	Piperazine	猪	肌肉	400
			皮＋脂	800
			肝	2 000
			肾	1 000
		鸡	蛋	2 000
巴胺磷 Propetamphos ADI：0～0.5	Propetamphos	羊	脂肪	90
			肾	90
碘醚柳胺 Rafoxanide ADI：0～2	Rafoxanide	牛	肌肉	30
			脂肪	30
			肝	10
			肾	40
		羊	肌肉	100
			脂肪	250
			肝	150
			肾	150
氯苯胍 Robenidine	Robenidine	鸡	脂肪	200
			皮	200
			可食组织	100
盐霉素 Salinomycin	Salinomycin	鸡	肌肉	600
			皮、脂	1 200
			肝	1 800
沙拉沙星 Sarafloxacin ADI：0～0.3	Sarafloxacin	鸡、火鸡	肌肉	10
			脂肪	20
			肝	80
			肾	80
		鱼	肌肉＋皮	30

（续）

药物名	标志残留物	动物种类	靶组织	残留限量
赛杜霉素 Semduramicin ADI：0～180	Semduramicin	鸡	肌肉 肝	130 400
大观霉素 Spectinomycin ADI：0～40	Spectinomycin	牛、羊、猪、鸡 牛 鸡	肌肉 脂肪 肝 肾 奶 蛋	500 2 000 2 000 5 000 200 2 000
链霉素/双氢链霉素 Streptomycin/ Dihydrostreptomycin ADI：0～50	Sum of Streptomycin ＋ Dihydrostreptomy- cin	牛 牛、绵羊、猪、鸡	奶 肌肉 脂肪 肝 肾	200 600 600 600 1 000
磺胺类 Sulfonamides	Parent drug （总量）	所有食品动物 牛、羊	肌肉 脂肪 肝 肾 奶	100 100 100 100 100
磺胺二甲嘧啶 Sulfadimidine ADI：0～50	Sulfadimidine	牛	奶	25
噻苯咪唑 Thiabendazole ADI：0～100	［噻苯咪唑和 5 - 羟基噻苯咪唑］	牛、猪、绵羊、山羊 牛、山羊	肌肉 脂肪 肝 肾 奶	100 100 100 100 100

（续）

药物名	标志残留物	动物种类	靶组织	残留限量
甲砜霉素 Thiamphenicol ADI：0~5	Thiamphenicol	牛、羊	肌肉	50
			脂肪	50
			肝	50
			肾	50
		牛	奶	50
		猪	肌肉	50
			脂肪	50
			肝	50
			肾	50
		鸡	肌肉	50
			皮+脂	50
			肝	50
			肾	50
		鱼	肌肉+皮	50
泰妙菌素 Tiamulin ADI：0~30	Tiamulin＋8-α- Hydroxy mutilin 总量	猪、兔	肌肉	100
			肝	500
		鸡	肌肉	100
			皮+脂	100
			肝	1 000
			蛋	1 000
		火鸡	肌肉	100
			皮+脂	100
			肝	300
替米考星 Tilmicosin ADI：0~40	Tilmicosin	牛、绵羊	肌肉	100
			脂肪	100
			肝	1 000
			肾	300
		绵羊	奶	50
		猪	肌肉	100
			脂肪	100
			肝	1 500
			肾	1 000
		鸡	肌肉	75
			皮+脂	75
			肝	1 000
			肾	250

（续）

药物名	标志残留物	动物种类	靶组织	残留限量
甲基三嗪酮（托曲珠利） Toltrazuril ADI：0～2	Toltrazuril Sulfone	鸡、火鸡	肌肉	100
			皮＋脂	200
			肝	600
			肾	400
		猪	肌肉	100
			皮＋脂	150
			肝	500
			肾	250
敌百虫 Trichlorfon ADI：0～20	Trichlorfon	牛	肌肉	50
			脂肪	50
			肝	50
			肾	50
			奶	50
三氯苯唑 Triclabendazole ADI：0～3	Ketotriclabendazole	牛	肌肉	200
			脂肪	100
			肝	300
			肾	300
		羊	肌肉	100
			脂肪	100
			肝	100
			肾	100
甲氧苄啶 Trimethoprim ADI：0～4.2	Trimethoprim	牛	肌肉	50
			脂肪	50
			肝	50
			肾	50
			奶	50
		猪、禽	肌肉	50
			皮＋脂	50
			肝	50
			肾	50
		马	肌肉	100
			脂肪	100
			肝	100
			肾	100
		鱼	肌肉＋皮	50

（续）

药物名	标志残留物	动物种类	靶组织	残留限量
泰乐菌素 Tylosin ADI：0～6	Tylosin A	鸡、火鸡、猪、牛	肌肉	200
			脂肪	200
			肝	200
			肾	200
		牛	奶	50
		鸡	蛋	200
维吉尼霉素 Virginiamycin ADI：0～250	Virginiamycin	猪	肌肉	100
			脂肪	400
			肝	300
			肾	400
			皮	400
		禽	肌肉	100
			脂肪	200
			肝	300
			肾	500
			皮	200
二硝托胺 Zoalene	Zoalene ＋ Metab- olite 总量	鸡	肌肉	3 000
			脂肪	2 000
			肝	6 000
			肾	6 000
		火鸡	肌肉	3 000
			肝	3 000

附表3　允许作治疗用，但不得在动物性食品中检出的药物

药物名称	标志残留物	动物种类	靶组织
氯丙嗪 Chlorpromazine	Chlorpromazine	所有食品动物	所有可食组织
地西泮（安定） Diazepam	Diazepam	所有食品动物	所有可食组织
地美硝唑 Dimetridazole	Dimetridazole	所有食品动物	所有可食组织
苯甲酸雌二醇 Estradiol Benzoate	Estradiol	所有食品动物	所有可食组织

（续）

药物名称	标志残留物	动物种类	靶组织
潮霉素 B Hygromycin B	Hygromycin B	猪、鸡 鸡	可食组织 蛋
甲硝唑 Metronidazole	Metronidazole	所有食品动物	所有可食组织
苯丙酸诺龙 Nadrolone Phenylpropionate	Nadrolone	所有食品动物	所有可食组织
丙酸睾酮 Testosterone propinate	Testosterone	所有食品动物	所有可食组织
塞拉嗪 Xylzaine	Xylazine	产奶动物	奶

附表4　禁止使用的药物，在动物性食品中不得检出

药物名称	禁用动物种类	靶组织
氯霉素 Chloramphenicol 及其盐、酯 （包括：琥珀氯霉素 Chloramphenico Succinate）	所有食品动物	所有可食组织
克伦特罗 Clenbuterol 及其盐、酯	所有食品动物	所有可食组织
沙丁胺醇 Salbutamol 及其盐、酯	所有食品动物	所有可食组织
西马特罗 Cimaterol 及其盐、酯	所有食品动物	所有可食组织
氨苯砜 Dapsone	所有食品动物	所有可食组织
己烯雌酚 Diethylstilbestrol 及其盐、酯	所有食品动物	所有可食组织
呋喃它酮 Furaltadone	所有食品动物	所有可食组织
呋喃唑酮 Furazolidone	所有食品动物	所有可食组织

（续）

药物名称	禁用动物种类	靶组织
林丹 Lindane	所有食品动物	所有可食组织
呋喃苯烯酸钠 Nifurstyrenate sodium	所有食品动物	所有可食组织
安眠酮 Methaqualone	所有食品动物	所有可食组织
洛硝达唑 Ronidazole	所有食品动物	所有可食组织
玉米赤霉醇 Zeranol	所有食品动物	所有可食组织
去甲雄三烯醇酮 Trenbolone	所有食品动物	所有可食组织
醋酸甲孕酮 Mengestrol Acetate	所有食品动物	所有可食组织
硝基酚钠 Sodium nitrophenolate	所有食品动物	所有可食组织
硝呋烯腙 Nitrovin	所有食品动物	所有可食组织
毒杀芬（氯化烯） Camahechlor	所有食品动物	所有可食组织
呋喃丹（克百威） Carbofuran	所有食品动物	所有可食组织
杀虫脒（克死螨） Chlordimeform	所有食品动物	所有可食组织
双甲脒 Amitraz	水生食品动物	所有可食组织
酒石酸锑钾 Antimony potassium tartrate	所有食品动物	所有可食组织
锥虫砷胺 Tryparsamile	所有食品动物	所有可食组织

（续）

药物名称	禁用动物种类	靶组织
孔雀石绿 Malachite green	所有食品动物	所有可食组织
五氯酚酸钠 Pentachlorophenol sodium	所有食品动物	所有可食组织
氯化亚汞（甘汞） Calomel	所有食品动物	所有可食组织
硝酸亚汞 Mercurous nitrate	所有食品动物	所有可食组织
醋酸汞 Mercurous acetate	所有食品动物	所有可食组织
吡啶基醋酸汞 Pyridyl mercurous acetate	所有食品动物	所有可食组织
甲基睾丸酮 Methyltestosterone	所有食品动物	所有可食组织
群勃龙 Trenbolone	所有食品动物	所有可食组织

名词定义：

1. 兽药残留 ［Residues of Veterinary Drugs］：指食品动物用药后，动物产品的任何食用部分中与所有药物有关的物质的残留，包括原型药物或/和其代谢产物。

2. 总残留 ［Total Residue］：指对食品动物用药后，动物产品的任何食用部分中药物原型或/和其所有代谢产物的总和。

3. 日允许摄入量 ［ADI：Acceptable Daily Intake］：是指人一生中每日从食物或饮水中摄取某种物质而对健康没有明显危害的量，每天的摄入量，以人体重（kg）为基础计算，单位：$\mu g/kg$。

4. 最高残留限量 ［MRL：Maximum Residue Limit］：对食品动物用药后产生的允许存在于食物表面或内部的该兽药残留的最高量/浓度（以鲜重计，表示为（$\mu g/kg$）。

5. 食品动物 ［Food-Producing Animal］：指各种供人食用或其产品供人

食用的动物。

6. 鱼［Fish］：指众所周知的任一种水生冷血动物。包括鱼纲（Pisces）、软骨鱼（Elasmobranchs）和圆口鱼（Cyclostomes），不包括水生哺乳动物、无脊椎动物和两栖动物。但应注意，此定义可适用于某些无脊椎动物，特别是头足动物（Cephalopods）。

7. 家禽［Poultry］：指包括鸡、火鸡、鸭、鹅、珍珠鸡和鸽在内的家养的禽。

8. 动物性食品［Animal Derived Food］：全部可食用的动物组织以及蛋和奶。

9. 可食组织［Edible Tissues］：全部可食用的动物组织，包括肌肉和脏器。

10. 皮＋脂［Skin with fat］：是指带脂肪的可食皮肤。

11. 皮＋肉［Muscle with skin］：一般是特指鱼的带皮肌肉组织。

12. 副产品［Byproducts］：除肌肉、脂肪以外的所有可食组织，包括肝、肾等。

13. 肌肉［Muscle］：仅指肌肉组织。

14. 蛋［Egg］：指家养母鸡的带壳蛋。

15. 奶［Milk］：指由正常乳房分泌而得，经一次或多次挤奶，既无加入也未经提取的奶。此术语也可用于处理过但未改变其组分的奶，或根据国家立法已将脂肪含量标准化处理过的奶。

附录5 中华人民共和国农业部公告

第 1435 号

根据《兽药管理条例》规定和农业部第 426 号公告要求，现公布第一批《兽药试行标准转正标准目录》（附件 1，以下简称《标准目录》）、《兽药试行标准转正标准》（附件 2，以下简称《转正标准》，另发）、《兽药试行标准转正生产企业目录》（附件 3，以下简称《转正企业目录》）、《需补充材料兽药试行标准转正生产企业目录》（附件 4，以下简称《补充材料企业目录》）、《不同意兽药试行标准转正生产企业目录》（附件 5，以下简称《不同意转正企业目录》）、《兽药试行标准废止标准目录》（附件 6，以下简称《废止标准目录》）和《注销兽药产品批准文号目录》（附件 7，以下简称《注销文号目录》），并就有关事项公告如下：

一、自本公告发布之日起，列入《标准目录》的标准升为正式兽药国家标准，原同品种地标升国标兽药标准试行标准同时废止。

二、自本公告发布之日起，列入《标准目录》的兽药产品需按照《转正标准》组织生产、实施监督检验。其中，对本公告发布之日前生产的产品可在公告发布之后的6个月内仍按我部原发布的《试行兽药质量标准》实施监督检验。

三、列入《转正企业目录》的兽药生产企业的兽药产品批准文号继续有效；列入《补充材料企业目录》的兽药生产企业自本公告发布之日起停止生产，并于6个月内按规定要求向农业部兽药评审中心办公室（简称评审办）提交补充试验材料，逾期未提交或提交材料不符合要求的，注销其兽药产品批准文号。

四、列入《废止标准目录》、《不同意转正企业目录》和未在规定时间内申请标准转正的企业，其相关兽药产品批准文号一并列入《注销文号目录》。其中，《注销文号目录》中"废除依据"一栏标注"A"的，属于标准废止而注销文号；标注"B"的，属于兽药试行标准已转正，但相关企业提交的标准转正资料不符合规定要求而注销文号；标注"C"的，属于兽药试行标准已转正，但相关企业未在规定时间内申请标准转正而注销文号。

自本公告发布之日起30个工作日内，列入《注销文号目录》的兽药产品停止生产。本公告发布之日起6个月后，该类产品不得经营、使用，违者按假兽药处理。

五、各兽药检验机构和相关兽药生产企业要认真执行《转正标准》，并将标准执行过程中发现的问题和建议及时反馈评审办。

六、相关兽药生产企业对本公告附件所列相关信息有异议的，可以在9月31日前将信息更正申请及证明性资料报中国兽医药品监察所进行核查，我部根据核查结果发布更正公函。

二〇一〇年七月三十日

附 录 6

ICS 65.150
B 50

中华人民共和国农业行业标准

NY/T 755—2013
代替 NY/T 755—2003

绿色食品　渔药使用准则

Green food—Fishery drug application guideline

2013 -12 -13 发布

2014 - 04 - 01 实施

中华人民共和国农业部 发 布

前　言

本标准按照 GB/T 1.1—2009 给出的规则起草。

本标准代替 NY/T 755—2003《绿色食品　渔药使用准则》，与 NY/T 755—2003 相比，除编辑性修改外主要技术变化如下：

—— 修改了部分术语和定义；

—— 删除了允许使用药物的分类列表；

—— 重点修改了渔药使用的基本原则和规定；

—— 用列表将渔药划分为预防用渔药和治疗用渔药；

—— 本标准的附录 A 和附录 B 是规范性附录。

本标准由农业部农产品质量安全监管局提出。

本标准由中国绿色食品发展中心归口。

本标准起草单位：中国水产科学研究院黄海水产研究所、江苏溧阳市长荡湖水产良种科技有限公司、青岛卓越海洋科技有限公司、中国绿色食品发展中心。

本标准主要起草人：周德庆、朱兰兰、潘洪强、乔春楠、马卓、刘云峰、张瑞玲。

本标准的历次版本发布情况为：

——NY/T 755—2003。

引 言

　　绿色食品是指产自优良生态环境、按照绿色食品标准生产、实行全程质量控制并获得绿色食品标志使用权的安全、优质食用农产品及相关产品。绿色食品水产养殖用药坚持生态环保原则，渔药的选择和使用应保证水资源和相关生物不遭受损害，保护生物循环和生物多样性，保障生产水域质量稳定。

　　科学规范使用渔药是保证绿色食品水产品质量安全的重要手段，NY/T 755—2003《绿色食品　渔药使用准则》的发布实施规范了绿色食品水产品的渔药使用，促进了绿色食品水产品质量安全水平的提高。但是，随着水产养殖、加工等的不断发展，渔药种类、使用限量和管理等出现了新变化、新规定，原版标准已不能满足绿色食品水产品生产和管理新要求，急需对标准进行修订。

　　本次修订在遵循现有食品安全国家标准的基础上，立足绿色食品安全优质的要求，突出强调要建立良好养殖环境，并提倡健康养殖，尽量不用或者少用渔药，通过增强水产养殖动物自身的抗病力，减少疾病的发生。本次修订还将渔药按预防药物和治疗药物分别制定使用规范，对绿色食品水产品的生产和管理更有指导意义。

绿色食品　渔药使用准则

1　范围

本标准规定了绿色食品水产养殖过程中渔药使用的术语和定义、基本原则和使用规定。

本标准适用于绿色食品水产养殖过程中疾病的预防和治疗。

2　规范性引用文件

下列文件对于本文件的应用是必不可少的。凡是注日期的引用文件，仅注日期的版本适用于本文件。凡是不注日期的引用文件，其最新版本（包括所有的修改单）适用于本文件。

GB/T 19630.1　有机产品　第1部分：生产

中华人民共和国农业部　中华人民共和国兽药典

中华人民共和国农业部　兽药质量标准

中华人民共和国农业部　进口兽药质量标准

中华人民共和国农业部　兽用生物制品质量标准

NY/T 391　绿色食品　产地环境质量

中华人民共和国农业部公告　第176号　禁止在饲料和动物饮用水中使用的药物品种目录

中华人民共和国农业部公告　第193号　食品动物禁用的兽药及其他化合物清单

中华人民共和国农业部公告　第235号　动物性食品中兽药最高残留限量

中华人民共和国农业部公告　第278号　停药期规定

中华人民共和国农业部公告　第560号　兽药地方标准废止目录

中华人民共和国农业部公告　第1435号　兽药试行标准转正标准目录（第一批）

中华人民共和国农业部公告　第1506号　兽药试行标准转正标准目录（第二批）

中华人民共和国农业部公告　第1519号　禁止在饲料和动物饮水中使用的物质

中华人民共和国农业部公告　第 1759 号　兽药试行标准转正标准目录（第三批）

兽药国家标准化学药品、中药卷

3　术语和定义

下列术语和定义适用于本文件。

3.1

AA 级绿色食品　AA grade green food

产地环境质量符合 NY/T 391 的要求，遵照绿色食品生产标准生产，生产过程中遵循自然规律和生态学原理，协调种植业和养殖业的平衡，不使用化学合成的肥料、农药、兽药、渔药、添加剂等物质，产品质量符合绿色食品产品标准，经专门机构许可使用绿色食品标志的产品。

3.2

A 级绿色食品　A grade green food

产地环境质量符合 NY/T 391 的要求，遵照绿色食品生产标准生产，生产过程中遵循自然规律和生态学原理，协调种植业和养殖业的平衡，限量使用限定的化学合成生产资料，产品质量符合绿色食品产品标准，经专门机构许可使用绿色食品标志的产品。

3.3

渔药　fishery medicine

水产用兽药。

指预防、治疗水产养殖动物疾病或有目的地调节动物生理机能的物质，包括化学药品、抗生素、中草药和生物制品等。

3.4

渔用抗微生物药　fishery antimicrobial agents

抑制或杀灭病原微生物的渔药。

3.5

渔用抗寄生虫药　fishery antiparasite agents

杀灭或驱除水产养殖动物体内、外或养殖环境中寄生虫病原的渔药。

3.6

渔用消毒剂　fishery disinfectant

用于水产动物体表、渔具和养殖环境消毒的药物。

3.7

渔用环境改良剂　environment conditioner

改善养殖水域环境的药物。

3.8

渔用疫苗　fishery vaccine

预防水产养殖动物传染性疾病的生物制品。

3.9

停药期　withdrawal period

从停止给药到水产品捕捞上市的间隔时间。

4　渔药使用的基本原则

4.1　水产品生产环境质量应符合 NY/T 391 的要求。生产者应按农业部《水产养殖质量安全管理规定》实施健康养殖。采取各种措施避免应激、增强水产养殖动物自身的抗病力，减少疾病的发生。

4.2　按《中华人民共和国动物防疫法》的规定，加强水产养殖动物疾病的预防，在养殖生产过程中尽量不用或者少用药物。确需使用渔药时，应选择高效、低毒、低残留的渔药，应保证水资源和相关生物不遭受损害，保护生物循环和生物多样性，保障生产水域质量稳定。在水产动物病害控制过程中，应在水生动物类执业兽医的指导下用药。停药期应满足中华人民共和国农业部公告第 278 号规定、《中国兽药典兽药使用指南化学药品卷》（2010 版）的规定。

4.3　所用渔药应符合中华人民共和国农业部公告第 1435 号、第 1506 号、第 1759 号，应来自取得生产许可证和产品批准文号的生产企业，或者取得《进口兽药登记许可证》的供应商。

4.4　用于预防或治疗疾病的渔药应符合中华人民共和国农业部《中华人民共和国兽药典》、《兽药质量标准》、《兽用生物制品质量标准》和《进口兽药质量标准》等有关规定。

5　生产 AA 级绿色食品水产品的渔药使用规定

按 GB/T 19630.1 的规定执行。

6　生产 A 级绿色食品水产品的渔药使用规定

6.1　优先选用 GB/T 19630.1 规定的渔药。

6.2　预防用药见附录 A。

6.3　治疗用药见附录 B。

6.4　所有使用的渔药应来自具有生产许可证和产品批准文号的生产企业，或者具有《进口兽药登记许可证》的供应商。

6.5　不应使用的药物种类。

6.5.1　不应使用中华人民共和国农业部公告第 176 号、193 号、235 号、560 号和 1519 号中规定的渔药。

6.5.2　不应使用药物饲料添加剂。

6.5.3　不应为了促进养殖水产动物生长而使用抗菌药物、激素或其他生长促进剂。

6.5.4　不应使用通过基因工程技术生产的渔药。

6.6　渔药的使用应建立用药记录。

6.6.1　应满足健康养殖的记录要求。

6.6.2　出入库记录：应建立渔药入库、出库登记制度，应记录药物的商品名称、通用名称、主要成分、批号、有效期、贮存条件等。

6.6.3　建立并保存消毒记录，包括消毒剂种类、批号、生产单位、剂量、消毒方式、消毒频率或时间等。建立并保存水产动物的免疫程序记录，包括疫苗种类、使用方法、剂量、批号、生产单位等。建立并保存患病水产动物的治疗记录，包括水产动物标志、发病时间及症状、药物种类、使用方法及剂量、治疗时间、疗程、停药时间、所用药物的商品名称及主要成分、生产单位及批号等。

6.6.4　所有记录资料应在产品上市后保存两年以上。

附 录 A
（规范性附录）
A 级绿色食品预防水产养殖动物疾病药物

A.1　国家兽药标准中列出的水产用中草药及其成药制剂

见《兽药国家标准化学药品、中药卷》。

A.2　生产 A 级绿色食品预防用化学药物及生物制品

见表 A.1。

表 A.1　生产 A 级绿色食品预防用化学药物及生物制品目录

类　别	制剂与主要成分	作用与用途	注意事项	不良反应
调节代谢或生长药物	维生素 C 钠粉（Sodium Ascorbate Powder）	预防和治疗水生动物的维生素 C 缺乏症等	1. 勿与维生素 B_{12}、维生素 K_3 合用，以免氧化失效 2. 勿与含铜、锌离子的药物混合使用	
疫苗	草鱼出血病灭活疫苗（Grass Carp Hemorrhage Vaccine, Inactivated）	预防草鱼出血病。免疫期 12 个月	1. 切忌冻结，冻结的疫苗严禁使用 2. 使用前，应先使疫苗恢复至室温，并充分摇匀 3. 开瓶后，限 12 h 内用完 4. 接种时，应作局部消毒处理 5. 使用过的疫苗瓶、器具和未用完的疫苗等应进行消毒处理	

表 A.1（续）

类　别	制剂与主要成分	作用与用途	注意事项	不良反应
疫苗	牙鲆鱼溶藻弧菌、鳗弧菌、迟缓爱德华病多联抗独特型抗体疫苗（Vibrio alginolyticus, Vibrio anguillarum, slow Edward disease multiple anti idiotypic antibody vaccine）	预防牙鲆鱼溶藻弧菌、鳗弧菌、迟缓爱德华病。免疫期为5个月	1. 本品仅用于接种健康鱼 2. 接种、浸泡前应停食至少24 h，浸泡时向海水内充气 3. 注射型疫苗使用时应将疫苗与等量的弗氏不完全佐剂充分混合。浸泡型疫苗倒入海水后也要充分搅拌，使疫苗均匀分布于海水中 4. 弗氏不完全佐剂在2℃～8℃储藏，疫苗开封后，应限当日用完 5. 注射接种时，应尽量避免操作对鱼造成的损伤 6. 接种疫苗时，应使用1毫升的一次性注射器，注射中应注意避免针孔堵塞 7. 浸泡的海水温度以15℃～20℃为宜 8. 使用过的疫苗瓶、器具和未用完的疫苗等应进行消毒处理	
	鱼嗜水气单胞菌败血症灭活疫苗（Aeromonas hydrophila septicemia, Inactivated）	预防淡水鱼类特别是鲤科鱼的嗜水气单胞菌败血症，免疫期为6个月	1. 切忌冻结，冻结的疫苗严禁使用，疫苗稀释后，限当日用完 2. 使用前，应先使疫苗恢复至室温，并充分摇匀 3. 接种时，应作局部消毒处理 4. 使用过的疫苗瓶、器具和未用完的疫苗等应进行消毒处理	

表 A.1（续）

类　别	制剂与主要成分	作用与用途	注意事项	不良反应
疫苗	鱼虹彩病毒病灭活疫苗（Iridovirus Vaccine, Inactivated)	预防真鲷、鰤鱼属、拟鲹的虹彩病毒病	1. 仅用于接种健康鱼 2. 本品不能与其他药物混合使用 3. 对真鲷接种时，不应使用麻醉剂 4. 使用麻醉剂时，应正确掌握方法和用量 5. 接种前应停食至少 24 h 6. 接种本品时，应采用连续性注射，并采用适宜的注射深度，注射中应避免针孔堵塞 7. 应使用高压蒸汽消毒或者煮沸消毒过的注射器 8. 使用前充分摇匀 9. 一旦开瓶，一次性用完 10. 使用过的疫苗瓶、器具和未用完的疫苗等应进行消毒处理 11. 应避免冻结 12. 疫苗应储藏于冷暗处 13. 如意外将疫苗污染到人的眼、鼻、嘴中或注射到人体内时，应及时对患部采取消毒等措施	
	鰤鱼格氏乳球菌灭活疫苗（BY1 株）(Lactococcus Garviae Vaccine, Inactivated) (Strain BY1)	预防出口日本的五条鰤、杜氏鰤（高体鰤）格氏乳球菌病	1. 营养不良、患病或疑似患病的靶动物不可注射，正在使用其他药物或停药 4 d 内的靶动物不可注射 2. 靶动物需经 7 d 驯化并停止喂食 24 h 以上，方能注射疫苗，注射 7 d 内应避免运输 3. 本疫苗在 20℃ 以上的水温中使用	

表 A.1（续）

类　别	制剂与主要成分	作用与用途	注意事项	不良反应
疫苗			4. 本品使用前和使用过程中注意摇匀 5. 注射器具，应经高压蒸汽灭菌或煮沸等方法消毒后使用，推荐使用连续注射器 6. 使用麻醉剂时，遵守麻醉剂用量 7. 本品不与其他药物混合使用 8. 疫苗一旦开启，尽快使用 9. 妥善处理使用后的残留疫苗、空瓶和针头等 10. 避光、避热、避冻结 11. 使用过的疫苗瓶、器具和未用完的疫苗等应进行消毒处理	
消毒用药	溴氯海因粉（Bromochlorodimethylhydantoin Powder）	养殖水体消毒；预防鱼、虾、蟹、鳖、贝、蛙等由弧菌、嗜水气单胞菌、爱德华菌等引起的出血、烂鳃、腐皮、肠炎等疾病	1. 勿用金属容器盛装 2. 缺氧水体禁用 3. 水质较清，透明度高于30 cm时，剂量酌减 4. 苗种剂量减半	
	次氯酸钠溶液（Sodium Hypochlorite Solution）	养殖水体、器械的消毒与杀菌；预防鱼、虾、蟹的出血、烂鳃、腹水、肠炎、疖疮、腐皮等细菌性疾病	1. 本品受环境因素影响较大，因此使用时应特别注意环境条件，在水温偏高、pH较低、施肥前使用效果更好 2. 本品有腐蚀性，勿用金属容器盛装，会伤害皮肤 3. 养殖水体水深超过 2 m 时，按 2 m 水深计算用药 4. 包装物用后集中销毁	

表 A.1（续）

类　别	制剂与主要成分	作用与用途	注意事项	不良反应
消毒用药	聚维酮碘溶液（Povidone Iodine Solution）	养殖水体的消毒，防治水产养殖动物由弧菌、嗜水气单胞菌、爱德华氏菌等细菌引起的细菌性疾病	1. 水体缺氧时禁用 2. 勿用金属容器盛装 3. 勿与强碱类物质及重金属物质混用 4. 冷水性鱼类慎用	
	三氯异氰脲酸粉（Trichloroisocyanuric Acid Powder）	水体、养殖场所和工具等消毒以及水产动物体表消毒等，防治鱼虾等水产动物的多种细菌性和病毒性疾病	1. 不得使用金属容器盛装，注意使用人员的防护 2. 勿与碱性药物、油脂、硫酸亚铁等混合使用 3. 根据不同的鱼类和水体的 pH，使用剂量适当增减	
	复合碘溶液（Complex Iodine Solution）	防治水产养殖动物细菌性和病毒性疾病	1. 不得与强碱或还原剂混合使用 2. 冷水鱼慎用	
	蛋氨酸碘粉（Methionine Iodine Powder）	消毒药，用于防治对虾白斑综合征	勿与维生素 C 类强还原剂同时使用	
	高碘酸钠（Sodium Periodate Solution）	养殖水体的消毒；防治鱼、虾、蟹等水产养殖动物由弧菌、嗜水气单胞菌、爱德华氏菌等细菌引起的出血、烂鳃、腹水、肠炎、腐皮等细菌性疾病	1. 勿用金属容器盛装 2. 勿与强碱类物质及含汞类药物混用 3. 软体动物、鲑等冷水性鱼类慎用	

表 A.1（续）

类　别	制剂与主要成分	作用与用途	注意事项	不良反应
消毒用药	苯扎溴铵溶液（Benzalkonium Bromide Solution）	养殖水体消毒，防治水产养殖动物由细菌性感染引起的出血、烂鳃、腹水、肠炎、疖疮、腐皮等细菌性疾病	1. 勿用金属容器盛装 2. 禁与阴离子表面活性剂、碘化物和过氧化物等混用 3. 软体动物、鲑等冷水性鱼类慎用 4. 水质较清的养殖水体慎用 5. 使用后注意池塘增氧 6. 包装物使用后集中销毁	
	含氯石灰（Chlorinated Lime）	水体的消毒，防治水产养殖动物由弧菌、嗜水气单胞菌、爱德华氏菌等细菌引起的细菌性疾病	1. 不得使用金属器具 2. 缺氧、浮头前后严禁使用 3. 水质较瘦、透明度高于30 cm时，剂量减半 4. 苗种慎用 5. 本品杀菌作用快而强，但不持久，且受有机物的影响，在实际使用时，本品需与被消毒物至少接触15 min～20 min	
	石灰（Lime）	鱼池消毒、改良水质		
渔用环境改良剂	过硼酸钠（Sodium Perborate Powder）	增加水中溶氧，改善水质	1. 本品为急救药品，根据缺氧程度适当增减用量，并配合充水，增加增氧机等措施改善水质 2. 产品有轻微结块，压碎使用 3. 包装物用后集中销毁	

表 A. 1（续）

类　别	制剂与主要成分	作用与用途	注意事项	不良反应
渔用环境改良剂	过碳酸钠（Sodium Percarbonate）	水质改良剂，用于缓解和解除鱼、虾、蟹等水产养殖动物因缺氧引起的浮头和泛塘	1. 不得与金属、有机溶剂、还原剂等接触 2. 按浮头处水体计算药品用量 3. 视浮头程度决定用药次数 4. 发生浮头时，表示水体严重缺氧，药品加入水体后，还应采取冲水、开增氧机等措施 5. 包装物使用后集中销毁	
	过氧化钙（Calcium Peroxide Powder）	池塘增氧，防治鱼类缺氧浮头	1. 对于一些无更换水源的养殖水体，应定期使用 2. 严禁与含氯制剂、消毒剂、还原剂等混放 3. 严禁与其他化学试剂混放 4. 长途运输时常使用增氧设备，观赏鱼长途运输禁用	
	过氧化氢溶液（Hydrogen Peroxide Solution）	增加水体溶氧	本品为强氧化剂，腐蚀剂，使用时顺风向泼洒，勿将药液接触皮肤，如接触皮肤应立即用清水冲洗	

附　录　B

（规范性附录）

A级绿色食品治疗水生生物疾病药物

B.1　国家兽药标准中列出的水产用中草药及其成药制剂

见《兽药国家标准化学药品、中药卷》。

B.2　生产A级绿色食品治疗用化学药物

见表 B.1。

表 B.1　生产A级绿色食品治疗用化学药物目录

类　别	制剂与主要成分	作用与用途	注意事项	不良反应
抗微生物药物	盐酸多西环素粉（Doxycycline Hyclate Powder）	治疗鱼类由弧菌、嗜水气单胞菌、爱德华菌等细菌引起的细菌性疾病	1. 均匀拌饵投喂 2. 包装物用后集中销毁	长期应用可引起二重感染和肝脏损害
	氟苯尼考粉（Florfenicol Powder）	防治淡、海水养殖鱼类由细菌引起的败血症、溃疡、肠道病、烂鳃病以及虾红体病、蟹腹水病	1. 混拌后的药饵不宜久置 2. 不宜高剂量长期使用	高剂量长期使用对造血系统具有可逆性抑制作用
	氟苯尼考粉预混剂（50%）（Florfenicol Premix-50）	治疗嗜水气单胞菌、副溶血弧菌、溶藻弧菌、链球菌等引起的感染，如鱼类细菌性败血症、溶血性腹水病、肠炎、赤皮病等，也可治疗虾、蟹类弧菌病、罗非鱼链球菌病等	1. 预混剂需先用食用油混合，之后再与饲料混合，为确保均匀，本品须先与少量饲料混匀，再与剩余饲料混匀 2. 使用后须用肥皂和清水彻底洗净饲料所用的设备	高剂量长期使用对造血系统具有可逆性抑制作用

表 B.1（续）

类　别	制剂与主要成分	作用与用途	注意事项	不良反应
抗微生物药物	氟苯尼考粉注射液（Florfenicol Injection）	治疗鱼类敏感菌所致疾病		
	硫酸锌霉素（Neomycin Sulfate Powder）	用于治疗鱼、虾、蟹等水产动物由气单胞菌、爱德华氏菌及弧菌引起的肠道疾病		
驱杀虫药物	硫酸锌粉（Zinc Sulfate Powder）	杀灭或驱除河蟹、虾类等的固着类纤毛虫	1. 禁用于鳗鲡 2. 虾蟹幼苗期及脱壳期中期慎用 3. 高温低压气候注意增氧	
	硫酸锌三氯异氰脲酸粉（Zinc sulfate and Trichloroisocyanuric Powder）	杀灭或驱除河蟹、虾类等水生动物的固着类纤毛虫	1. 禁用于鳗鲡 2. 虾蟹幼苗期及脱壳期中期慎用 3. 高温低压气候注意增氧	
	盐酸氯苯胍粉（Robenidinum Hydrochloride Powder）	鱼类孢子虫病	1. 搅拌均匀，严格按照推荐剂量使用 2. 斑点叉尾鮰慎用	
	阿苯达唑粉（Albendazole Powder）	治疗海水鱼类线虫病和由双鳞盘吸虫、贝尼登虫等引起的寄生虫病；淡水养殖鱼类由指环虫、三代虫以及黏孢子虫等引起的寄生虫病		

表 B. 1（续）

类　别	制剂与主要成分	作用与用途	注意事项	不良反应
驱杀虫药物	地克珠利预混剂（Diclazuril Premix）	防治鲤科鱼类黏孢子虫、碘泡虫、尾孢虫、四级虫、单级虫等孢子虫病		
消毒用药	聚维酮碘溶液（Povidone Iodine Solution）	养殖水体的消毒，防治水产养殖动物由弧菌、嗜水气单胞菌、爱德华氏菌等细菌引起的细菌性疾病	1. 水体缺氧时禁用 2. 勿用金属容器盛装 3. 勿与强碱类物质及重金属物质混用 4. 冷水性鱼类慎用	
	三氯异氰脲酸粉（Trichloroisocyanuric Acid Powder）	水体、养殖场所和工具等消毒以及水产动物体表消毒等，防治鱼虾等水产动物的多种细菌性和病毒性疾病的作用	1. 不得使用金属容器盛装，注意使用人员的防护 2. 勿与碱性药物、油脂、硫酸亚铁等混合使用 3. 根据不同的鱼类和水体的 pH，使用剂量适当增减	
	复合碘溶液（Complex Iodine Solution）	防治水产养殖动物细菌性和病毒性疾病	1. 不得与强碱或还原剂混合使用 2. 冷水鱼慎用	
	蛋氨酸碘粉（Methionine Iodine Powder）	消毒药，用于防治对虾白斑综合征	勿与维生素 C 类强还原剂同时使用	
	高碘酸钠（Sodium Periodate Solution）	养殖水体的消毒；防治鱼、虾、蟹等水产养殖动物由弧菌、嗜水气单胞菌、爱德华氏菌等细菌引起的出血、烂鳃、腹水、肠炎、腐皮等细菌性疾病	1. 勿用金属容器盛装 2. 勿与强碱类物质及含汞类药物混用 3. 软体动物、鲑等冷水性鱼类慎用	

表 B.1（续）

类　别	制剂与主要成分	作用与用途	注意事项	不良反应
消毒用药	苯扎溴铵溶液（Benzalkonium Bromide Solution）	养殖水体消毒，防治水产养殖动物由细菌性感染引起的出血、烂鳃、腹水、肠炎、疖疮、腐皮等细菌性疾病	1. 勿用金属容器盛装 2. 禁与阴离子表面活性剂、碘化物和过氧化物等混用 3. 软体动物、鲑等冷水性鱼类慎用 4. 水质较清的养殖水体慎用 5. 使用后注意池塘增氧 6. 包装物使用后集中销毁	

主要参考文献

蔡文超，等，2006. 半滑舌鳎早期发育阶段鳔和冠状幼鳍的生长发育规律研 [J]. 渔业科学进展，27（2）：94-98.

陈都前，2004. 绿色水产品发展思考 [J]. 中国渔业经济（3）：23-24.

陈和午，2004. 我国绿色食品出口现状和问题的分析 [J]. 北京农业（6）：1-2.

陈倩，2010. 我国绿色食品标准体系建设及发展探讨 [J]. 农产品质量与安全（2）：23-26.

陈锡文，邓楠，2004. 中国食品安全战略研究 [M]. 北京. 化学工业出版社.

陈月忠，肖懿哲，2002. 对虾细菌性鳃部病害的防治药物筛选和用药方法研究 [J]. 福建水产（1）：27-32.

程天民，2006. 军事预防医学 [M]. 北京：人民军医出版社.

崔野韩，陈能，2004. 我国农业技术标准体系的运行与维护机制研究 [J]. 农业质量标准（6）：18-19.

单杨，张群，吴越辉，2007. 我国绿色食品标准存在的问题及建议 [J]. 现代食品科技，23（1）：79-82，86.

董颖，程军，1996. 养殖中国对虾暴发性流行病病虾现场快速诊断方法研究 [J]. 水产科学，15（1）：3-6.

宫春光，2005. 半滑舌鳎工厂化养殖中的病害防治研究 [J]. 中国水产（12）：54-55.

蒋雪英，2000. 浅谈绿色水产品及其发展 [J]. 科学养鱼（9）：20-21.

李晓燕，2005. 绿色食品国际市场分析及前景展望 [J]. 农机化研究，（1）：6-8.

李泽瑶，2003. 水产品安全质量控制与检验检疫手册 [M]. 北京：企业管理出版社.

李志军，2004. 我国标准化管理体制改革的目标、原则与重点 [J]. 科学与管理（2）：28-30.

柳学周，庄志猛，马爱军，2005. 半滑舌鳎繁殖生物学及繁育技术研究 [J]. 海洋水产研究，26（5）：7-14.

蒲民，林伟，王力舟，2006. 美国食品安全体系特点分析 [J]. 中国标准化（8）：19-22.

钱和，姚卫蓉，2003. 国际食品安全手册 [M]. 北京：中国轻工业出版社.

苏兆军，2005. 浅谈半滑舌鳎养殖中常见病害及防治技术 [J]. 中国水产（2）：59-60.

孙中之，柳学周，徐永江，2007. 半滑舌鳎工厂化人工育苗工艺技术研究 [J]. 中国水产科学，14（2）：244-248.

汪禄祥，黎其万，张云梅，2011. 绿色食品标准体系建设现状与对策研究 [J]. 农产品质量与安全（S1）：38-41.

王春生，2012. 水产养殖环境控制与管理百问百答 [M]. 北京：中国农业出版社.

王文焕，李崇高，2008. 绿色食品概论 [M]. 北京：化学工业出版社.

夏磊，2009. 水产养殖用药实用技术 300 问 [M]. 北京：中国农业出版社.

谢焱，2011. 绿色食品标准体系研究 [D]. 北京：中国农业科学院.

徐欣，吕晓民，孙丽敏，2003. 中华绒螯蟹细菌性疾病感染途径的研究 [J]. 水产科学，22（4）：18-20.

杨辉，2011. 完善我国绿色食品标准体系的探讨 [J]. 农产品质量与安全（S1）：42-44.

杨先乐，2009. 海水虾蟹养殖用药处方手册 [M]. 北京：化学工业出版社.

袁久尧，2009. 常见水产品安全指标在相关标准间的矛盾分析 [J]. 中国渔业经济，27（4）：67-73.

占家智，2005. 绿色水产品与保健 [M]. 北京：中国医药出版社.

张睿，吴斌，赵松渭，2006. 欧盟食品安全体系的变化趋势 [J]. 中国检验检疫（6）：23-24.

张正，2012. 养殖半滑舌鳎常见疾病的病理学观察与感染微生态分析 [D]. 青岛：中国海洋大学.

周德庆，2007. 水产品质量安全与检验检疫实用技术 [M]. 北京：中国计量出版社.

周德庆，张双灵，辛胜昌，2004. 亚硫酸盐在食品加工中的作用及其应用 [J]. 食品科学，25（12）：198-201.

邹国忠，2002. 绿色水产和绿色水产品的发展前景 [J]. 渔业现代化（1）：11-12.

祖国掌，李槿年，余为一，2005. 中华绒螯蟹养殖过程中细菌性疾病的研究 [J]. 中国水产学会鱼病学专业委员会第六次会员代表大会暨国际学术讨论会论文（摘要）集：154-160.